劳动课里的科学课

超好吃的科学

三月童书／编著

化学工业出版社
·北京·

图书在版编目（CIP）数据

超好吃的科学 / 三月童书编著. --北京 ：化学工业出版社，2024. 10. -- ISBN 978-7-122-46116-2

Ⅰ. TS972. 1

中国国家版本馆CIP数据核字第2024AK9208号

责任编辑：邵铁然　　　　装帧设计：王　婧
责任校对：宋　玮

出版发行：化学工业出版社（北京市东城区青年湖南街13号 邮政编码100011）
印　　装：盛大（天津）印刷有限公司
710mm×1000mm　1/16　印张　10　字数　100千字
2025年2月北京第1版第1次印刷

购书咨询：010-64518888
售后服务：010-64518899
网　　址：http://www.cip.com.cn
凡购买本书，如有缺损质量问题，本社销售中心负责调换。

定价：59.80元

目录

目录

第一讲

软绵绵的糊化反应
——米饭

米饭：
人体的能量来源 各式菜肴的绝妙搭配

米饭的魔法卡片

名称：米饭

种类：主食类

颜色：白色

烹饪菜谱

特点：粒粒分明，蓬松饱满，香甜软绵，口感细腻

烹饪用料

（用料以文字为准，图片仅作参考）

大米 500 毫升

香油 3 ~ 4 滴

准备厨具

电饭煲（含内锅）

量杯

饭铲

筷子

1	用量杯盛出 500 毫升的大米，放进电饭煲的内锅中。
2	用凉水把大米清洗干净。注意：洗的时候可以顺时针晃动装有大米的内锅，这样更容易去除杂质。
3	清洗干净后，往电饭煲内锅中倒入大米量 1.5 倍（750 毫升）的凉水。如果内锅壁标有刻度，可以参考刻度来放。
4	向电饭煲内滴入 3 ~ 4 滴香油。
5	盖上电饭煲的盖子，插上电源。根据电饭煲的说明，选中“煮饭”模式。
6	米饭煮好时，电饭煲一般会自动切换到保温模式。让米饭在锅里保温 5 ~ 10 分钟，充分吸收电饭煲里剩余的液体。
7	拔掉电源，打开盖子，用筷子轻轻地把米饭弄松，把米粒分开。

盛饭上桌啦！

小呆的提问环节

小呆：大米是从地里长出来的吗？

壮博士：

大米，是水稻的谷粒去壳后的籽实。水稻，是通常种植在水田里的农作物。

水稻种子需要在水分充足的土壤中生长，随后长出秧苗，经过分蘖拔节，抽穗开花，结出稻谷。稻谷成熟之后，才能进行收割。收获的稻谷还要经过一系列工序，如去壳、清洁、抛光等，才能成为我们见到的大米。别看一粒大米很小很小，它可是大量劳动的结晶呢！

图为水稻。经过一系列步骤，水稻才能变成大米

小呆：

怪不得我从来没见过地里长出来的大米，原来是因为它一开始不长这个样子。

小呆：电饭煲真神奇，把生米粒放进去，不到一小时就能把它们变成熟米饭，它是怎么做到的？

壮博士：

电饭煲是通过热传递给生米粒加热煮熟米饭的。热传递是一种非常经典的物理现象，它有三种不同的方式——热传导、热对流和热辐射。热传导是通过直接接触，将热量从热表面传递到冷表面。热对流是指通过流体（比如空气和液体）的运动来传递热量。热辐射是指通过电磁波传递热量，这种方式不需要热源与被加热物体直接接触。你猜猜，我们用电饭煲煮米饭，用到了哪种热传递方式？

图为电饭煲。电饭煲可以煮出香喷喷的米饭

小呆：

我猜是热传导，对吗？

壮博士：

你猜对了！但你知道热量是怎么传导到大米上的吗？我们先来观察一下电饭煲里的关键部分——电热盘，也就是热源。它和装有大米的内锅是直接接触的。在接通电源之后，通电的电热盘把部分电能转化为热能，这个我们后面具体讲，现在你先了解电热盘产生了热量就好。

壮博士：

我们煮米饭的时候，电热盘通过热传导，把由电能转化成的热能传递到内锅底部。内锅底部被加热后，继续将热能传导给锅里的大米和水。水被加热到沸点时会沸腾，进一步加热大米。这个过程是就像是多米诺骨牌一样，层层递进。

壮博士：

不过，除了热传导之外，热对流也贡献了它的力量！在电饭煲持续加热的过程中，电饭煲内部的空气也被加热，这些空气在内部循环，通过热对流把热量均匀地传递到每个地方。因此，热对流起到了使大米均匀受热的作用。

小呆：

那什么时候会用到热辐射的方式呢？

壮博士：

比如，我们用电烤箱烤玉米就用到了热辐射。电烤箱利用电热元器件所发出的电磁波的辐射热把热能传递给玉米。香喷喷的烤玉米很快就出炉了。

图为电烤箱。电烤箱是采用热辐射的方式加热食物的

小呆：还有刚才你提到的电流的热效应，是什么意思呀？

壮博士：

电流的热效应指的是当电流通过电阻时，电流做功，将电能转化为热能的现象。电饭煲中的电热盘就是一个电阻，它由金属丝制成，当电流通过金属丝时，就会做功而产生热量。

小呆：

做功是什么意思？

壮博士：

你可以把做功理解成电流使劲通过金属丝时所付出的努力。既然讲到这里，就顺便再教给你一个知识点——电流通过导体所产生的热量与导体本身的电阻值、电流大小的平方以及电流通过的时间成正比。这就是著名的焦耳定律。想象一下，你就是电流，而金属丝是一座桥。如果你在桥上遭遇了很大的阻力，比如逆风，你付出的努力会更大，过桥的时间会更长，做的功会更多，产生的热量也就越大。

小呆：我记得刚放进电饭煲里的大米是硬硬的，为什么出锅的时候就变软了呢？

壮博士：

这个过程叫作糊化！大米含有淀粉、蛋白质、脂肪和B族维生素，我们把清水倒入大米中后，大米中淀粉分子排列整齐，水无法影响结晶部分，故淀粉性质不会发生变化。我们刚才已经了解了，电饭煲插电后，可以通过电流的热效应给大米加热。在加热过程中，淀粉分子的化学结构不稳定，结晶部分变得疏松，使得大米中的淀粉颗粒在高温下膨胀、分裂，形成具有黏性的凝胶状物质或糊状体，因此该过程叫作糊化反应。糊化反应使米粒体积变大且质地变软，因此，我们就会看到煮熟的米饭要比生米柔软蓬松。糊化是一个非常重要的过程，因为它决定了米饭的口感——柔软度和黏稠度。

煮熟的米饭

壮博士：

大米进行糊化反应时的温度可能会因大米的品种而异，不过一般来说，温度都处于60～80℃的区间里。如果温度过高，之前形成的凝胶状物质会破裂，把之前吸收的水分重新释放出来，这样做出来的米饭就会黏糊糊，看起来更像是一锅稠稠的粥。如果温度过低，就不能发生充分的糊化反应，米饭很有可能煮不熟，米粒吃到嘴里都是硬邦邦的。

如果温度过高，做出来的米饭就会更像一碗大米粥

小呆：

我明白了。难怪之前倒进去的水都消失了，原来是被大米吸收了！

壮博士：

电饭煲上逸出的水蒸气

水分一方面是由大米吸收，进行了糊化反应。另一方面是在烹饪过程中蒸发了。随着电饭煲中的温度逐渐升高，米饭中的水分开始蒸发，并以水蒸气的形式逸出。这就是为什么电饭煲中的水位会随着时间的推移而降低。

不过，这些水蒸气并没有快速挥发掉，大部分被电饭煲的盖子压住，保留在了电饭煲里面。这些留在电饭煲里面跑不出去的水蒸气会帮助我们均匀且彻底地煮熟米饭。

当电饭煲内部达到一定的温度时，米饭就被煮熟了。这时，电饭煲会自动切换到“保温”模式。还记得前面写了，这时要再等待 5 ~ 10 分钟吗？这个时间就是要让锅里剩下的水分被充分地吸收或者蒸发。这样，等我们打开盖子的时候，就会看到一锅完美的大米饭了！

小呆：对了，为什么要在煮米饭前往锅里滴几滴香油？

壮博士：

这几滴香油可是点睛之笔！滴香油可以增加米粒的蓬松度，防止米饭粘在一起，让它们粒粒分明，还可以增添香味呢！不过，滴香油的时候一定要控制好量，滴上个 3 ~ 4 滴就足够了，如果滴入太多的油，米饭就会变油腻。

香油

小呆的实验时间

小呆发现，烹饪菜谱中提到要在电饭煲里面加入凉水，这是为什么呢？如果放热水是不是也可以？小呆决定探索一下！

1. 提出问题

为什么要用凉水而不是热水煮米饭？

2. 调查研究

根据之前的几轮提问，小呆已经了解到了一些关于米饭的知识，他把这些知识罗列了出来：

- 由稻米变成米粒的过程；
- 电饭煲的加热方式：热传导和热对流；
- 电热盘产生电流热效应；
- 糊化反应：大米遇热吸水膨胀，形成凝胶状物质或糊状体；
- 发生糊化反应所需的适宜温度：60 ~ 80℃；
- 水分受热蒸发。

小呆的分析和思考：

用凉水还是热水煮米饭，是一个关于水的温度的问题。上面罗列出来的知识点很多都与温度相关，尤其是最后三条。

水温会不会对糊化反应产生影响？而糊化反应会影响米饭的柔软度和黏稠度，也就是米饭的质地。

水温会不会影响水分的蒸发效率？而水分蒸发得快或慢，既会对米饭能否被均匀地蒸熟产生影响，也会影响米饭的质地。

那就提出假设，来验证一下吧！

3. 制订计划

【实验步骤】

（1）将米粒盛入量杯中，使米粒高度达到量杯的1/4 刻度线处。

米粒高度达到 1/4 刻度线处

（2）将量杯中的米粒全部倒入电饭煲的内胆。

电饭煲中的米粒

（3）将米粒清洗几遍，倒入热水，使水的高度达到电饭煲内胆标注有“0.5”的刻度线。然后开始用电饭煲煮米饭。

注意：这里要用热水，而不是刚烧开的开水。

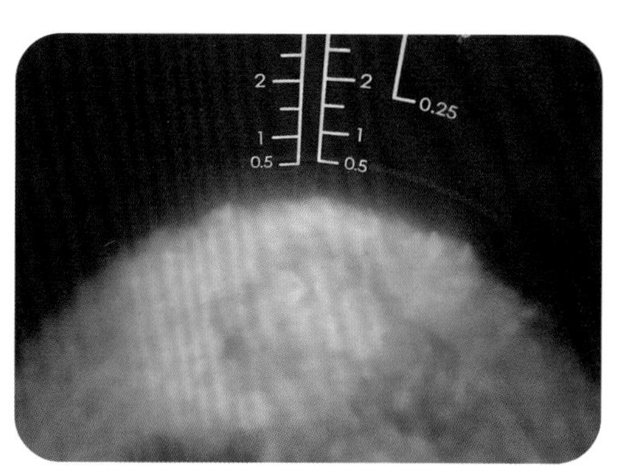

热水的水位高度位于标注有“0.5”的刻度线处

用热水煮的米饭

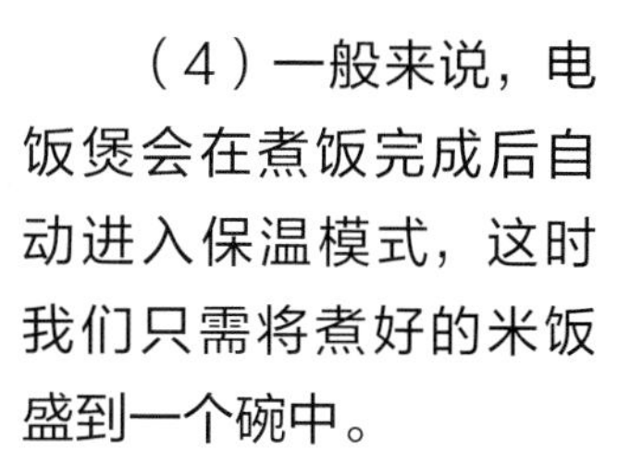
（4）一般来说，电饭煲会在煮饭完成后自动进入保温模式，这时我们只需将煮好的米饭盛到一个碗中。

（5）再用量杯量出与第1步等量的米粒，放入电饭煲内锅，洗干净后，倒入与第3步等量的凉水。

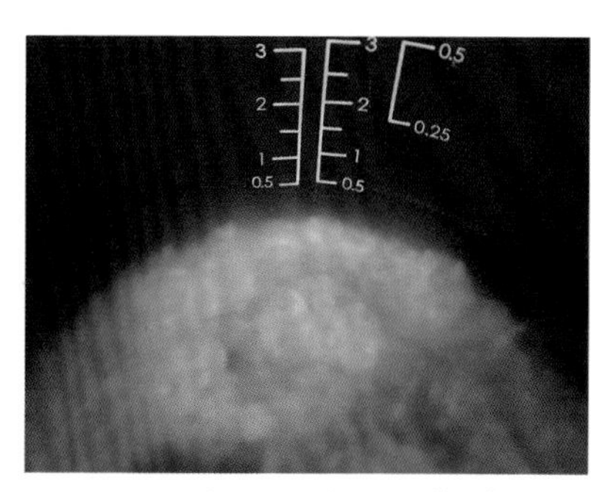

凉水的水位高度位于标注有“0.5”的刻度线处

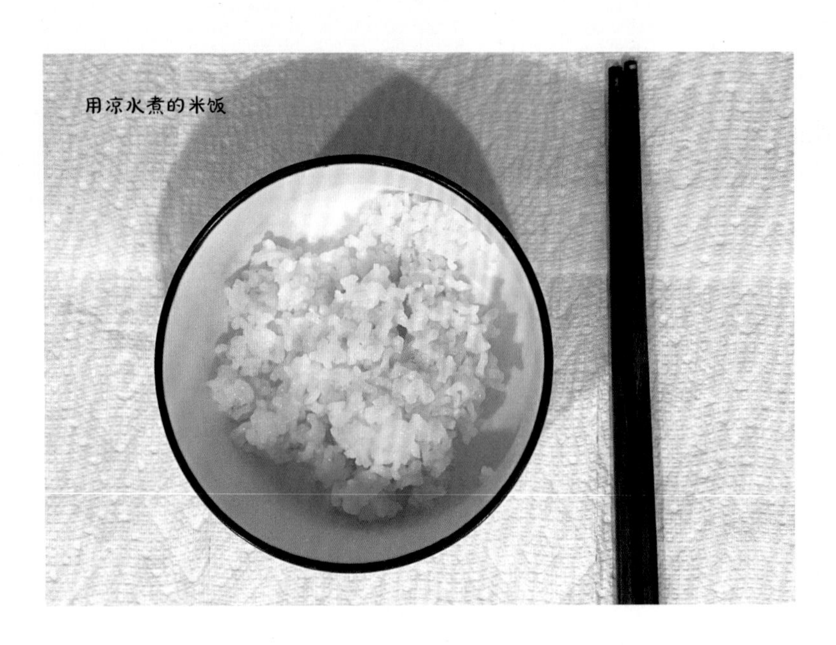

（6）用电饭煲煮米饭，煮熟后盛到碗中。

注意：实验过程中电饭煲会变得很烫，尤其是米饭煮熟后的电饭煲内胆。请不要用身体的任何部位接触电饭煲内胆，小心烫伤！

本次实验应在家长陪同下进行。

【实验设备】

量杯1个；电饭煲1个；碗2个；大米

【数据收集方法】

通过肉眼观察、触摸和品尝三种方式，对米饭的质地进行评价。

4. 采取行动

按照实验步骤开展实验，并通过肉眼观察、触摸和品尝三种方式对米饭的质地进行评价。

（1）肉眼观察： 用凉水煮的米饭蓬松、粒粒分明，而用热水煮的米饭整体上呈糊状，且有部分米粒结块的现象。

（2）触摸： 用凉水煮的米饭稠度、软硬适中，而用热水煮的米饭很黏稠、很软。

（3）品尝： 用凉水煮的米饭口感不错。用热水煮的米饭过于软烂，尝起来口感不佳。

分析：从观察、触摸和品尝的结果来看，用凉水煮的米饭质地要好于用热水煮的米饭。

注意：用凉水煮出来的香喷喷的米饭可以直接当作主食吃掉噢！

5. 反思

分析和思考：

如果在锅里放入凉水，米饭的初始温度就会比较低。伴随着加热，米饭的糊化反应是一个循序渐进的过程，在这个过程中，米粒可以均匀地吸收水分，充分进行反应。

但是，用热水煮米饭的时候，米粒表面瞬间接触了大量热量，释放出了大量的胶状物，导致米粒表面软烂，内部却没被煮熟，这就是米饭变黏结块的原因。

实验不足：

实验中，用热水煮出来的米饭难以食用，也没有想出处理方法，造成了浪费。

实验拓展方向：

根据资料显示，除了本次实验使用的白米以外，还有很多种米。如果选用其他种类的米，也会有同样的实验结果吗？因此，我们可以扩大实验范围，对不同类型的米（比如黑米、糯米、红米、糙米等）进行实验。

黑米　糯米

红米　糙米

小贴士

古诗两首

《悯农二首》

唐 李绅

其一

春种一粒粟，秋收万颗子。

四海无闲田，农夫犹饿死。

释义：春天只要播下一粒种子，秋天就可收获很多粮食。
普天之下，没有荒废不种的田地，但农民仍然会饿死。

其二

锄禾日当午，汗滴禾下土。

谁知盘中餐，粒粒皆辛苦。

释义：盛夏中午，烈日炎炎，农民还在劳作，汗珠滴入泥土。
有谁想到，我们碗中的米饭，粒粒饱含着农民的血汗？

杂交水稻之父袁隆平

说到大米，就不得不提到袁隆平爷爷。袁隆平是我国农业科学家，被誉为“中国杂交水稻之父”，因研发出高产杂交水稻品种而闻名世界。

袁隆平爷爷曾经说过，自己有两个梦。一个是“禾下乘凉梦”，他曾表示，他做过一个梦，梦见杂交水稻的茎秆长得像高粱一样高，穗子像扫帚一样大，稻谷像一串串葡萄那么饱满，籽粒像花生那么大。他和大家一块儿在稻田里散步，在水稻下面乘凉。另一个梦是“覆盖全球梦”，即让杂交水稻走出国门，造福更多的人。

在袁隆平研发出杂交水稻前，世界上包括中国在内的很多国家都存在缺粮少食的情况。经过不懈努力，袁隆平研发出了特殊类型的水稻——杂交水稻。相比于传统水稻，这种水稻长得更快，可以为人们提供更多的食物。

现如今，在袁隆平的极力推广下，杂交水稻在全球很多国家都得到了普遍种植。由于他的努力，世界上有更多的人摆脱了饥饿，过上了健康的生活。

杂交水稻田

小呆的科学笔记

1. 热传递的方式

热传导是通过直接接触将热量从热表面传递到冷表面。

热对流是指通过流体（比如空气和液体）的运动来传递热量。

热辐射是指通过电磁波传递热量，这种方式不需要热源与被加热物体直接接触。

2. 电流的热效应和焦耳定律

电流的热效应指的是当电流通过电阻时，电流做功，将电能转化为热能的现象。

焦耳定律是指电流通过导体所产生的热量和导体本身的电阻值、电流大小的平方以及电流通过的时间成正比。

3. 糊化反应

糊化反应是指，淀粉与水混合后，淀粉粒在高温下膨胀、分裂，形成具有黏性的凝胶状物质或糊状体。

第二讲

好神奇的蛋白质变性反应

——西红柿炒鸡蛋

西红柿炒鸡蛋：
当之无愧的色彩之王 餐桌上的绝色点缀

烹饪菜谱

特点：口味咸甜，嫩滑多汁，色泽鲜艳，层次分明

烹饪用料

（用料以文字为准，图片仅作参考）

鸡蛋 4 个

西红柿 2 个

小葱 1 根

盐 0.75~1.75 汤勺

糖 2~3.5 汤勺

生抽 1~1.5 汤勺

老抽 0.5~1 汤勺

花生油、玉米油、橄榄油均可
食用油

准备厨具

炒锅

锅铲

煮锅

盘子和碗

烹饪过程

1	把锅里的水烧热。
2	西红柿剥皮并切成小块。
3	把小葱的葱白部位切成末，去掉葱叶部分不用。
4	在碗里打 4 个鸡蛋，搅拌均匀。
5	锅中加油烧热。油热之后倒入鸡蛋液，观察到鸡蛋液逐渐凝固后，用锅铲把凝固的鸡蛋切成小块。
6	等鸡蛋表面微微变成褐色时，把鸡蛋盛到盘子里。
7	锅中再放入少量油，加热，油热后放入切好的葱末，闻到香味后加入已切块的西红柿。
8	加入生抽，翻炒。
9	加入老抽，翻炒。
10	加入糖、盐，翻炒，调味。
11	加入鸡蛋，翻炒均匀。

出锅！嘎嘎好吃！

小呆的提问环节

小呆：鸡蛋里面不应该是小鸡吗？怎么是黏糊糊、湿漉漉的液体呢？

壮博士：

一个母鸡刚刚产下的鸡蛋里面是由蛋清和蛋黄组成的，别看它们湿漉漉、黏糊糊，营养价值可非常高！蛋清主要是由水和蛋白质组成的，这些蛋白质在人体中利用率很高，是食物中最优质的蛋白质之一。而蛋黄的主要成分则是对人体有利的脂肪酸和丰富的维生素，比如维生素 A、维生素 D 等。

鸡蛋里的蛋黄和蛋清

小呆：鸡蛋里面是蛋黄和蛋清，那小鸡是从哪来的呢？难不成还需要念咒语吗？

壮博士：

哈哈，要是能用咒语解决那就太容易了！鸡蛋只有经过孵化才能够变成小鸡，而且并不是所有鸡蛋都可以孵化出小鸡，只有经过公鸡受精的鸡蛋才能成功孵化。你可以用手电筒照一个鸡蛋看看，如果里面有个小黑点，就说明它有可能孵出小鸡，因为这是受精过的鸡蛋。而没有小黑点的鸡蛋，就是没有受精的鸡蛋，也就没法孵化小鸡啦！

一只从鸡蛋中孵化出来的小鸡

小呆：鸡蛋里面有小黑点的话，就一定可以孵出小鸡吗？那我可以代替母鸡妈妈来孵小鸡吗？

壮博士：

不一定的！鸡蛋孵化需要合适的条件，温度、湿度和孵化期等。一般来说，无论是人工孵化还是母鸡孵化，鸡蛋的孵化温度都需要保持在 37.5℃左右。从开始孵化到小鸡出壳需要 21 天的孵化期，不过，孵化期也会随外界气温发生一些变化：如果是炎热的夏天，气温比较高，有可能 19 天就孵出来了；如果是寒冷的冬天，气温很低，可能就需要 21 天。

一只正在孵化鸡蛋的母鸡

小呆：

哎呀，算了算了，孵小鸡这么麻烦，我还是接着跟你学做饭吧……

小呆：我在翻炒鸡蛋的时候，鸡蛋的蛋液为什么遇到油就会凝固成蓬松的固体？

壮博士：

这里面其实有两个问题。第一个问题是：鸡蛋液为什么变成固体？第二个问题是：为什么鸡蛋的形态会是蓬松的？我们一个一个来说。

关于第一个问题，鸡蛋液之所以会凝固为固体，是因为每个鸡蛋当中含有约 13% 的蛋白质，在被翻炒的过程中发生了蛋白质变性反应——食物中的蛋白质在遇热、酸、碱，以及某些重金属盐的时候，其分子内部的结构和性质会发生改变，多表现为凝固。

我们再说回炒鸡蛋的这个步骤。你记不记得，魔法书里写了，要多放点油，把油烧热后，再倒鸡蛋液？你现在知道为什么要等油热后再放鸡蛋液了吗？

小呆：

是因为食物遇热才会发生蛋白质变性作用。已经加热过的油可以为蛋液提供更多的热量，让鸡蛋里的蛋白质发生变性凝固反应。

壮博士：

答对了！现在，我再来回答你的第二个问题：为什么鸡蛋的形态会变得蓬松？这是因为鸡蛋里不光含有蛋白质，还含有水分。小呆，你想想，水遇热会产生什么？

小呆：

水蒸气！

壮博士：

没错！这个过程中产生的水蒸气就好像是在给鸡蛋打气一样，让固体的鸡蛋变得蓬松起来。

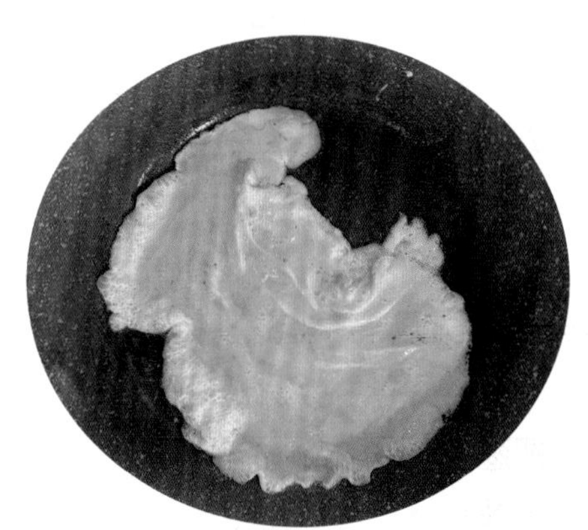

变蓬松的鸡蛋

小呆： 我把葱末倒进油锅里之后，没过多久，锅里就飘起一股好闻的气味。我想知道这股神秘的香味是从哪儿来的？

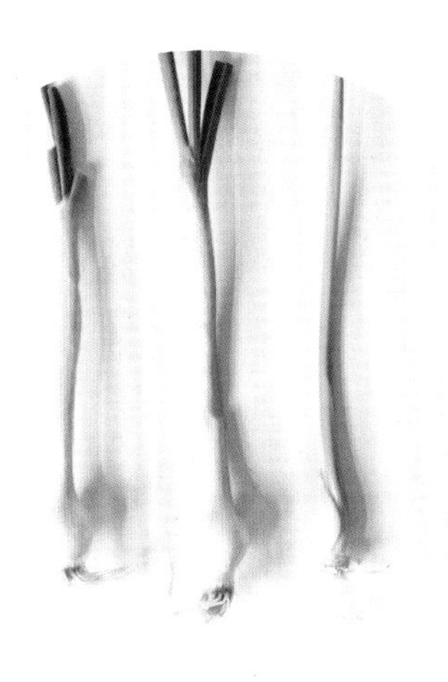

葱

壮博士：

小葱里面含有各种各样的化学物质，而它的香气主要来自含硫化合物。你能够闻到香味，是因为含硫化合物被从葱末里释放出来，并且挥发在你周围的空气当中。奇妙的是，含硫化合物并不是永远都是香的，也有可能是臭臭的，这要取决于含硫化合物的浓度。

小呆：

浓度？那是什么意思呀？

壮博士：

浓度是一个化学概念，你可以把含硫化合物的浓度理解成它在空气中的比例。如果含硫化合物的浓度高，咱们就会闻到臭臭的气味；当含硫化合物的浓度降低时，我们才会闻到扑鼻的香气。

小呆：

所以，我闻到的应该是低浓度的含硫化合物咯？

壮博士：

没错！而且，大多数含硫化合物都是更容易溶解在油脂里的。所以，你把葱末放进油里的时候，葱末中的含硫化合物会被充分地释放出来，香味就会非常浓郁。但是，如果我们把葱末放进清水里，这些含硫化合物就不那么容易得到释放，也就没有那么浓的香味了。这是相似相溶原理的体现，以后我会具体给你讲解这个原理的！

说到这儿，顺便再教给你一个有类似现象的化学物质——吲哚。吲哚可是化学物质里的“大明星”，因为它存在感超级强，还非常独特。吲哚的特殊之处就在于，不同浓度的它能够营造出不同的味道。在浓度很低的情况下，吲哚能产生让人陶醉的香味，因此人们常常用吲哚来制作香料；而在高浓度的情况下，吲哚就会散发出恶臭。人类便便的臭味，就是吲哚的“杰作”之一！

小呆：

那么香的鲜花和那么臭的便便竟然还有共同点，真是太神奇了！

鲜花

小呆的实验时间

小呆发现，用水果刀给西红柿削皮时，也会连带削掉很多很多的果肉。还没等削完，原本饱满的西红柿果肉已经损失了不少。而且削了 20 分钟，两个西红柿还没弄完。既浪费了食材，又浪费了时间，这样可不行！于是，小呆决定找到一个把皮和果肉分离的办法。

1. 查找资料

小呆把魔法书平摊开，放在桌子上，嘴里念念有词：“科学科学，给我指引！”魔法书里立刻浮现出这样一段话：“热胀冷缩是一种非常经典的物理现象，指物体受热时会膨胀、受冷时会收缩的特性。而在热胀冷缩过程中，不同的物体形状、体积发生的改变会有所不同。西红柿的表皮和果肉虽然都是它的组成部分，但实际上却是由截然不同的物质组成的。因此，它们在受热或受冷时，膨胀或收缩的程度也不相同。”

2. 实验设计

小呆设计了两组实验：把 3 个体积、形状相似的西红柿分别浸泡在装有等量凉水（15℃左右）、温水（40℃左右）和开水（100℃左右）的碗里，保证水的容量可以基本没过西红柿（由于西红柿没入水里后会向上浮起，所以不能保证完全没过西红柿）。

小呆每隔 5 分钟观察西红柿表皮和果肉的分离情况，并记录下来。

第一组实验——用凉水浸泡西红柿

用凉水浸泡 30 分钟后，西红柿表皮分离情况

5 分钟时，西红柿表皮没有分离，果肉完整。

10 分钟时，西红柿表皮没有分离，果肉完整。

15 分钟时，西红柿表皮没有分离，果肉完整。

20 分钟时，西红柿表皮没有分离，果肉完整。

25 分钟时，西红柿表皮没有分离，果肉完整。

30 分钟时，西红柿表皮没有分离，果肉完整。

第二组实验——用温水浸泡西红柿

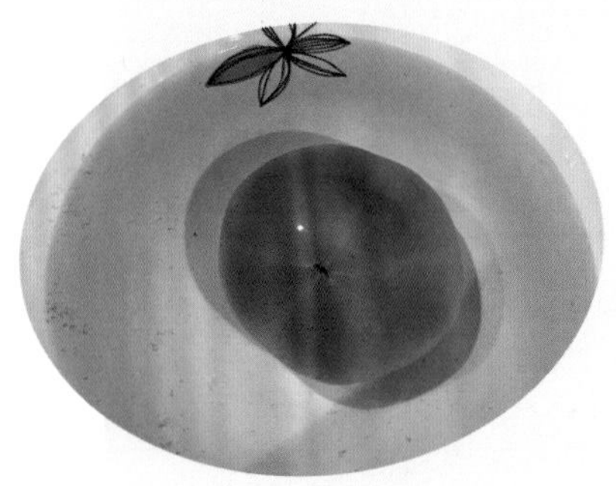

用温水浸泡 30 分钟后，西红柿表皮分离情况

5 分钟时，西红柿表皮没有分离，果肉完整。

10 分钟时，西红柿表皮没有分离，果肉完整。

15 分钟时，西红柿表皮没有分离，果肉完整。

20 分钟时，西红柿表皮没有分离，果肉完整。

25 分钟时，西红柿表皮没有分离，果肉膨胀，开始变软。

30 分钟时，西红柿表皮没有分离，果肉膨胀、变软。

第三组实验——用开水浸泡西红柿

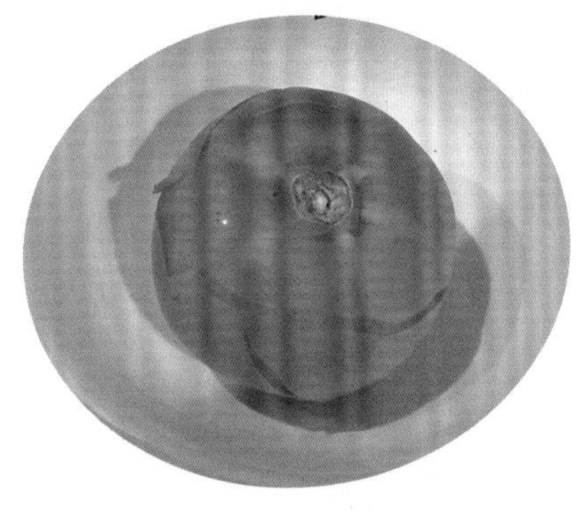

用开水浸泡30分钟后，西红柿表皮分离情况

5分钟时，西红柿表皮没有变化，果肉完整。

10分钟时，西红柿表皮少部分有脱离果肉的迹象，果肉完整。

15分钟时，西红柿表皮裂缝增加，果肉完整。

20分钟时，西红柿表皮裂缝增加，果肉完整。

25分钟时，西红柿表皮能够很好地剥落，果肉比较完整。

30分钟时，西红柿表皮能够很好地剥落，果肉较软，出水很多。

通过比较两组实验，小呆发现：

（1）相比于自来水，用温水和开水浸泡的西红柿都出现了膨胀现象，而自来水中浸泡的西红柿没有出现膨胀现象；

（2）在温水中浸泡西红柿达不到分离果皮和果肉的目的，而用开水浸泡的西红柿膨胀程度更明显，可以在30分钟内达到分离果皮和果肉的目的；

（3）在开水中浸泡25分钟左右时，西红柿既比较容易剥皮，果肉也能保持比较好的形状。

基于以上观察到的现象，小呆展开了思考：

西红柿的果肉和果皮在受热后都发生了膨胀，但两者的膨胀程度不同：果皮发生了明显的形变，更容易从果肉上剥离。随着温度的升高，它们膨胀的程度也就越高。

不过，尽管现在已经通过在开水中浸泡西红柿的方式实现了果皮和果肉的分离，但美中不足的是，还是有部分果皮不容易剥下来。而且，25 分钟的时间也有些长。那么，还有没有其他可以改进的空间呢？

开水已经是小呆目前可以得到的最高温度的水，因此他无法通过提高水温的方式改进实验。

壮博士提示

用小刀在西红柿的表皮上轻轻划几刀，然后再放进锅里试试看！不过具体怎么划，需要你自己探索一下咯！

3. 进行实验优化

小呆设计了三种在西红柿表皮上划刀的方法：

（1）在西红柿表皮中间划一刀

被划了一刀的西红柿

（2）在西红柿表皮上划两刀，将其分为四个部分

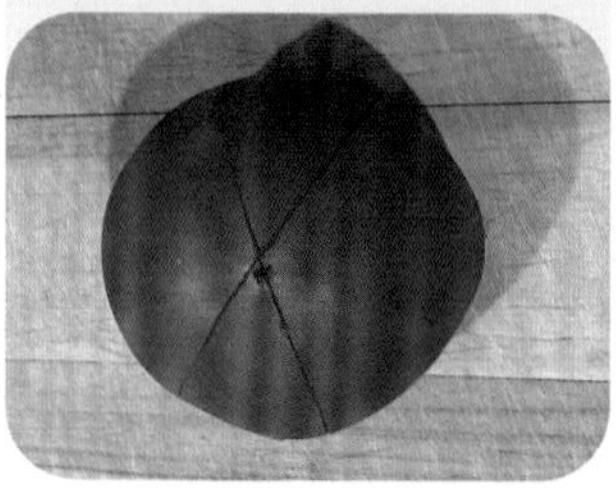

被划了两刀的西红柿

（3）在西红柿表皮上划四刀，将其分为八个部分

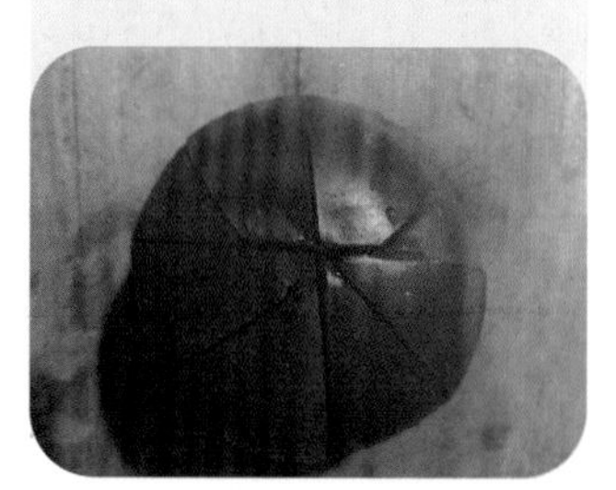

被划了四刀的西红柿

然后，他把三个西红柿分别放进装有同等温度、容量的开水的碗里，观察三个西红柿的变化。

小呆发现：

（1）使用以上三种方法，西红柿的表皮都比不划刀时更容易脱离果肉，而且极大地节省了时间。

（2）总体来说，划刀数量越多，西红柿表皮脱离果肉的程度越明显：在使用第一种方法时，西红柿的表皮在 10 分钟以内，会比较充分地脱离果肉；在使用第二种方法时，只需 5 分钟，西红柿的表皮就会充分地脱离果肉，而且只需要轻轻一剥，表皮就乖乖地和果肉分离了；在使用第三种方法时，只需要 3 分钟，西红柿的表皮就会充分地脱离果肉，速度最快！

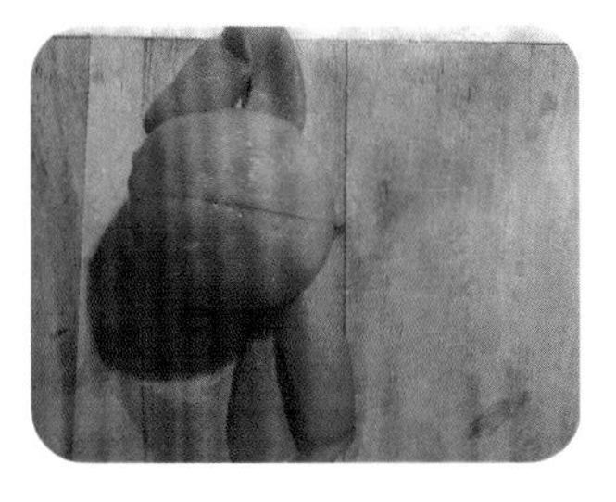

被划过一刀的西红柿表皮分离情况

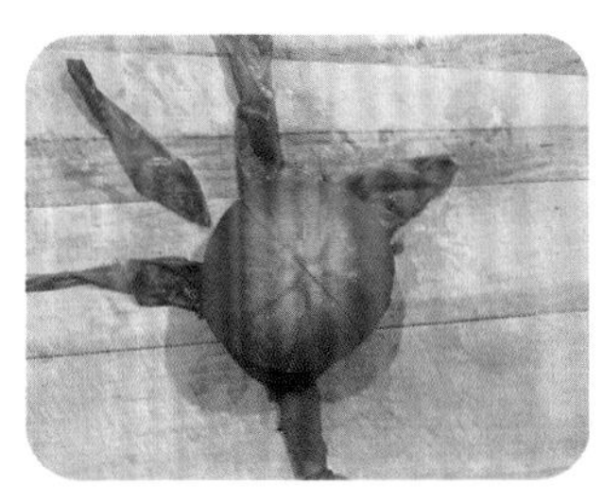

被划过两刀的西红柿表皮分离情况

被划过四刀的西红柿表皮分离情况

4. 得出结论

先在西红柿表皮上划十字刀，再放进开水里烫 5 分钟左右；或是划 4 刀，再烫上 3 分钟左右，就很容易剥掉西红柿皮了。

小贴士

西红柿的来源

关于西红柿的来源有很多种说法。

第一种说法：西红柿是在明朝万历年间（16 世纪末、17 世纪初）由南美洲传入我国的。这也是认可度最高的一种说法。

第二种说法：西红柿是在清朝中晚期通过“丝绸之路”传入我国的。

西红柿植株

最后一种说法：其实西红柿就是在咱们中国土生土长的！1983 年，四川省考古队在成都凤凰山的西汉古墓中发现了西红柿等农作物的种子。四川省农业科学院精心培育出了植株，并证明中国早在 2000 多年前就已经有西红柿了。只不过，那时候的西红柿还不叫这个名字呢！

西红柿还能做哪些菜肴？

番茄酱

除了西红柿炒鸡蛋外，西红柿还能做很多受人欢迎的菜肴。比如，它可以用来制作美式番茄酱，我们在很多快餐厅里都能看到。再比如，夏天酷暑难耐，我们会做凉拌西红柿消暑。还有，西红柿炖牛腩、西红柿鸡蛋汤、西红柿鸡蛋面里，也都有西红柿的身影。总而言之，在美食的世界里，西红柿扮演着重要的角色。

小呆的科学笔记

一道简简单单的西红柿炒鸡蛋里面，竟然包含了那么多知识点，我们一起帮小呆梳理一下吧！

1. 热胀冷缩

指物体受热时膨胀、受冷时收缩的物理特性。在此过程中，不同的物体形状、体积和密度发生的改变会有所不同。

2. 蛋白质变性

蛋白质在遇热、酸、碱，以及某些重金属盐的时候，其分子内部的结构和性质会发生改变，多表现为凝固。

3. 气味的浓度效应

当含硫化合物的浓度高时，会产生臭味；当含硫化合物的浓度低时，会产生香味。

第三讲

香喷喷的美拉德反应

——东坡肉

东坡肉：
历史悠久的千古名肴 满屋飘香的人间绝味

东坡肉的魔法卡片

名称：东坡肉

种类：肉类

颜色：琥珀色

建议或禁忌：建议和蔬菜、主食搭配食用。吃过东坡肉后不宜大量饮茶。

烹饪菜谱

特点：肉香四溢，肥而不腻，口感酥软，回味无穷

烹饪用料

（用料以文字为准，图片仅作参考）

小葱 50 克

姜 25 克

五花肉 750 克

花雕酒 100 克

冰糖 35 克

老抽酱油 75 克

准备厨具

砂锅

煮锅

菜刀

盛肉的盘子

1. 把煮锅里装满凉水，把洗干净的五花肉放进凉水锅里。
2. 开火，烧开水，让五花肉在煮锅里浸泡约 5 分钟。
3. 把煮锅里浮起的血沫撇出来倒掉，然后把五花肉从锅里捞出来，再次清洗一下。
4. 把五花肉放在案板上，切成大小和薄厚均匀的立方体形状。
5. 在砂锅底部铺上小葱，再把姜片铺在小葱上。
6. 把切成块的五花肉平铺在小葱和姜片上面，肉皮朝下。
7. 向砂锅里加入 100 克花雕酒。
8. 加入 35 克冰糖。
9. 加入 75 克老抽酱油。
10. 倒入清水，水要完全没过五花肉。
11. 盖上锅盖，开小火炖两个小时左右。
12. 打开锅盖，开大火，收汁。
13. 过半小时左右，等汤汁浓稠后，关火出锅，倍儿香！

小呆的提问环节

小呆：开火后，锅里面浮起来的沫子是什么东西？

壮博士：

还记得我们上次学的蛋白质变性反应吗？

小呆：

记得！蛋白质变性反应是指，食物中的蛋白质在遇热时，会发生凝固现象。

壮博士：

没错。和鸡蛋一样，五花肉里面也含有丰富的蛋白质。当锅里的水温超过 60 °C时，五花肉里的蛋白质就会发生凝固，咱们看到的这些“沫子”，其实就是凝固了的蛋白质。

小呆：既然五花肉遇热就会产生血沫，那可不可以直接把五花肉放进煮沸的开水里呢？

煮沸的开水

壮博士：

这个问题问得太好了！我们一定要先在凉水里放五花肉，再开火加热。来，你观察一下这块五花肉，它是有一定厚度的。这就意味着，在外界温度发生变化时，五花肉的表面会比五花肉的内部更先感受到这种变化，热量会从外到里，逐步传导到五花肉的最中心。

五花肉

壮博士：

所以，如果直接把肉块放进煮沸的水里，会发生什么呢？五花肉的表面最先被加热，最快发生蛋白质变性反应，像一层“壳”一样包裹住肉块表面。而肉的内部因为一开始温度不足，发生蛋白质变性反应的速度也就慢于表面，即使后面达到了蛋白质变性的温度，内部产生的血红蛋白也会被表面形成的“壳”封锁在里面，跑不出来。这样一来，肉的腥味就没法被完全除掉，我们吃到的五花肉味道就会差很多。

如果在凉水里放进五花肉，情况就会有所改善！因为水温从凉到热是一个相对缓慢的过程，热量有充足的时间从表面传导到内部，五花肉内外的温度几乎可以保持一致，从而同时发生蛋白质变性反应，就可以均匀且充分地挤出凝固的血沫。这样一来，五花肉去腥的效果就达到了！

小呆：出锅时的东坡肉好香啊！明明放进锅里的时候什么味儿都没有，这股香味是哪来的？

壮博士：

你还记得做饭的时候放的花雕酒吗？这花雕酒可是非常重要的佐料！

花雕酒

五花肉里面含有蛋白质，蛋白质的主要成分是氨基酸。而花雕酒中的主要成分是乙醇。五花肉里的氨基酸和花雕酒里的乙醇遇热时会发生酯化反应，产生一种具有香味的神奇物质——氨基酸乙酯。东坡肉的香味就要归功于氨基酸乙酯啦！

香喷喷的东坡肉

不过，酯化反应产生的前提是达到足够高的温度，所以你会发现，肉炖得久些，香味会更加浓郁！

小呆：为什么东坡肉在锅里炖的过程中，颜色会渐渐变深？

壮博士：

嘿嘿，这也是佐料的奇妙作用之一！你猜是哪种佐料让五花肉的颜色变深了呢？

小呆：

我们前前后后总共往锅里面放了小葱、生姜、花雕酒、冰糖、老抽，有好多种佐料。我猜，是老抽，对不对？因为老抽本身颜色是最深的，所以它最有可能给五花肉染色了！

老抽起到了给五花肉上色的作用

壮博士：

真聪明，不过你只答对了一半！老抽的确起到了加深颜色的作用，而另一种佐料——冰糖，也是给五花肉上色的好帮手！

冰糖也可以起到上色的作用

五花肉里面含有蛋白质，蛋白质的主要成分是氨基酸。而冰糖里的主要成分则是葡萄糖。氨基酸与葡萄糖同时受热时会形成褐色的物质——类黑精，这就是大名鼎鼎的美拉德反应！和酯化反应相似的一点是，美拉德反应也是需要达到较高的温度才可以发生的。

对了，美拉德反应不仅改变了五花肉的颜色，还产生了香味呢！刚才我们说过，酯化反应会产生有香味的氨基酸乙酯，而美拉德反应产生的类黑精也是香气扑鼻，让东坡肉的美妙香味更上一层楼！

小呆的实验时间

小呆在收汁（“烹饪过程”中的步骤12）的时候，忘了要开大火。小呆等了半小时之后，掀开锅盖一看，发现锅里的汤汁几乎没有任何减少，收汁失败！小呆很纳闷：为什么收汁时一定要开大火呢？他决定探索一下！

1. 查找资料

小呆把魔法书平摊开，放在桌子上，嘴里念念有词：“科学科学，给我指引！”魔法书里立刻浮现出这样一段话：“影响蒸发的因素有温度、湿度、液体的表面积、液体表面上的空气流动等。如果液体的温度升高，分子平均动能增大，从液面飞出去的水分子数量就会增多，所以液体的温度越高，蒸发得就越快。”

小呆心想：根据书里的提示，在收汁过程中，开大火时锅里的水温比开小火时更高，这样会加快汤汁的蒸发速度。如果真是这样，就能解释得通了。我来验证一下吧！

2. 制订计划

提出假设： 水温会对水的蒸发速度产生影响。

设计实验： 通过控制变量，考察温度对蒸发速度的影响。

【实验步骤】

（1）用第一个碗从自来水管中接一整碗自来水，然后将整碗水倒入煮锅中。

第一个装满水的碗，需将碗里的水倒入煮锅中

（2）将装有清水的煮锅放在灶台上，不盖锅盖，开大火，计时15 分钟后关火。

（3）把锅里剩余的水倒回第一个碗中，放在一旁备用。

第二个装满水的碗，也需将碗里的水倒入煮锅中

（4）等煮锅冷却至正常温度之后，用第二个同等大小的碗接一整碗自来水，将水倒入煮锅中。

注意：水量和水温均和步骤（1）保持一致。

（5）将装有清水的煮锅放在灶台上，不盖锅盖，开小火，计时15分钟后关火。

（6）把锅里剩余的水倒回第二个碗中。

（7）观察和对比两个碗中的水量。

以上实验中需注意：

①实验所用水量不可过少，否则煮锅里的水会烧干。

②不可将滚烫的水倒入玻璃容器中，因为热水会导致玻璃容器破裂，造成危险。

③装有热水的煮锅会变得很烫，触碰煮锅前记得戴好厚厚的烹饪手套。

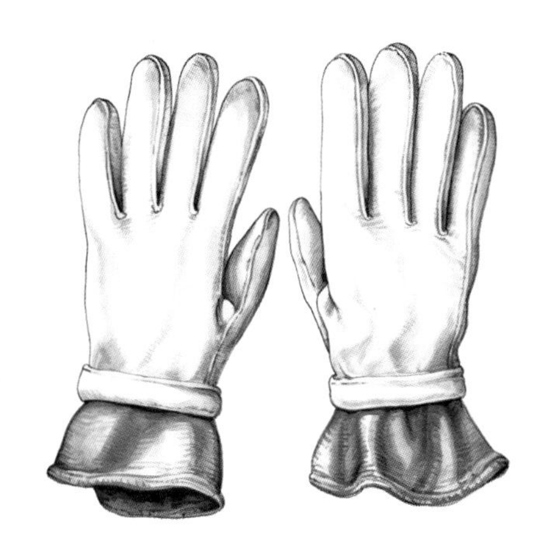

烹饪手套

【实验设备】

1个煮锅；2个等大的碗（不可使用玻璃材质的碗）；计时器（也可用有计时功能的手机）

【数据收集方法】

肉眼观察。

3. 采取行动

按照实验步骤开展实验，并通过肉眼观察的方式对碗里的剩余水量进行对比。不难发现，开大火后的剩余水量远远小于开小火后。

开大火后锅中剩余的水量

开小火后锅中剩余的水量

实验分析：从观察结果来看，相同时间内，开大火后的剩余水量比开小火后少很多。这说明，开大火时的水分蒸发速度较开小火更快。

4. 反思

分析和思考：

相比于开小火，开大火时煮锅中的水温更高，而提高温度是加快蒸发的有效方式。因此在大火模式下，锅中水分的蒸发速度更快。

实验不足：

实验需要等待的时间较长。

实验拓展方向：

资料显示，表面积也是影响蒸发的因素之一。可以选取两口口径大小不同的锅，倒入等量的水，用相同大小的火进行加热，观察两口锅中水的蒸发速度。

小贴士

东坡肉的由来

传说北宋时期，大诗人苏轼被贬黄州。在黄州，苏轼提前过起了“退休”生活，自称“东坡居士”，因而被世人称作苏东坡。在农耕以外的闲暇时间里，他不仅吟诗作赋，还钻研上了烹饪技术。

有一天，苏轼家里有朋友来访，他就亲自下厨，准备大餐。苏轼把猪肉切块放到锅里，用微火炖上之后，就和朋友下起棋来。苏轼下棋太投入，又加上和朋友相谈甚欢，完全把锅里炖的猪肉抛之脑后了。一局棋下完，苏轼才想起来锅里的肉。他原本以为这顿饭肯定没法吃了，可是，当他走进厨房，打开锅盖，却收获了大大的惊喜——锅里的猪肉非但没有煳，反而是色泽饱满，浓郁的香味扑面而来，吃到嘴里肥而不腻，堪称一绝！

后来，东坡肉就传遍了大江南北。谁也没想到，一次“失误”竟然成就了一道千古名肴！

苏轼还专门为东坡肉写了首名叫《猪肉颂》的词，里面有东坡肉的做法和技巧，非常有意思——

净洗铛，少著水，柴头罨烟焰不起。

待他自熟莫催他，火候足时他自美。

黄州好猪肉，价贱如泥土。

贵者不肯吃，贫者不解煮，早晨起来打两碗，饱得自家君莫管。

这首词的意思是说，把锅洗干净，放入少许水，再点燃柴火和杂草，用虚火来慢慢煨炖。静静等待猪肉慢慢变熟，可别催它，等火候到了，味道自然就会鲜美。黄州的猪肉品质好极了，价钱倒便宜得像泥土一样。富贵人家不爱吃，穷人家不知道怎么做。我早上起床先来两碗，吃得饱饱的。

东坡肉和红烧肉的区别

图为红烧肉。红烧肉看起来和东坡肉很像，但做法和口感都有些许不同

东坡肉和红烧肉其实都是用五花肉做成的，但在做法上有些许不同。

1. 上色方法

红烧肉的烹饪过程中，要通过关键的“炒糖色”方法上色，在后面的章节中会展开来讲。而东坡肉在烹饪过程中，是通过冰糖和老抽进行上色。

2. 口感

东坡肉中含有的脂肪成分在炖、蒸的过程中所剩不多，脂肪基本渗透进了肉里，这使得肉从里到外都非常软糯，甚至可以入口即化。

而红烧肉外部微硬，里面软糯，吃到嘴里有酥酥的感觉。

五花肉是猪身上的哪个部位？

五花肉指的是猪腹部的肉。猪的腹部脂肪组织多，但也有肌肉组织，所以我们会看到五花肉是肥瘦相间的。五花肉非常适合烹饪，因为五花肉的肥肉部分遇热易化，瘦肉部分久煮也不柴。

除了东坡肉以外，梅菜扣肉、卤肉饭、粉蒸肉等著名菜品用的都是五花肉。

图为卤肉饭。卤肉饭采用的肉正是五花肉

小呆的科学笔记

1. 影响蒸发的因素

温度和液体表面上的空气流动是影响蒸发的重要因素。温度越高，空气流动性越强，蒸发就越快。

2. 酯化反应

蛋白质的主要成分是氨基酸，酒的主要成分是乙醇。氨基酸和乙醇遇热会发生酯化反应，产生具有香味的物质——氨基酸乙酯。

3. 美拉德反应

氨基酸与葡萄糖遇热会形成具有香味的褐色物质——类黑精。

【附】酯化反应方程

酸（羧基）+ 醇（羟基）-> 酯 + 水

第四讲

会变色的焦糖化反应

——红烧鸡腿

红烧鸡腿：
炒糖色的绝妙运用 诱人食欲的高蛋白肉类

红烧鸡腿的魔法卡片

名称：红烧鸡腿

种类：肉食类

颜色：棕褐色

烹饪菜谱

特点：色泽红润，晶莹透亮，口感滑嫩，回味无穷

烹饪用料

（用料以文字为准，图片仅作参考）

鸡腿 4 根

冰糖 15 颗

料酒 1 勺

生抽 2 勺

老抽 1 勺

姜 3 片

蒜 3 瓣

香叶 2 片

八角 1 个

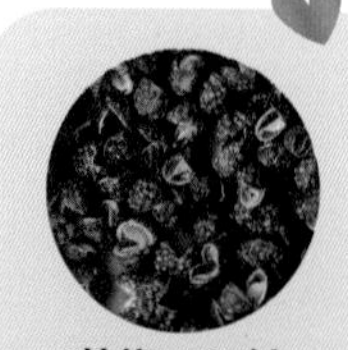
花椒 10 粒

干辣椒 2 个

橄榄油或花生油适量

准备厨具

炒锅

锅铲

煮锅

菜刀

盘子和筷子

1. 用刀在每根鸡腿上都划两刀。
2. 在煮锅里倒入凉水，再放进 3 片姜片，然后用筷子把鸡腿全部放进锅里。
3. 开大火，3 ~ 5 分钟后，用勺子撇去锅里的浮沫。
4. 关火，把鸡腿捞出来，控干水分，盛在盘子里备用。
5. 往炒锅里倒入油，放入冰糖，然后开中火。
6. 当油中冒泡泡，且颜色加重，变为深褐色时，放入鸡腿，快速翻炒，让每根鸡腿都均匀地染上褐色。

注：步骤 5 和步骤 6 叫作“炒糖色”。炒糖色时一定要小心，因为热糖浆接触皮肤会导致严重灼伤。建议戴上手套和围裙，并在家长的陪同下进行。

7. 把之前准备好的姜片、蒜瓣、干辣椒、花椒、香叶、八角全部倒进炒锅里，用锅铲翻炒，至能闻到浓郁的香味。
8. 倒入生抽、老抽和料酒，再倒入热水，水可以没过鸡腿或达到鸡腿高度的 3/4，之后盖上锅盖用小火煮。
9. 用小火煮到锅里的水还剩 1/3 后，改成大火，打开锅盖，大火煮 20 分钟后，关火出锅！

美味的红烧鸡腿完成啦！

小呆的提问环节

小呆：为什么炒糖色之前，要放一些食用油进去呢？

壮博士：

食用油就像是冰糖和锅之间的一道屏障，可以帮助冰糖不与锅底直接接触，这样糖就不会粘到锅底上。而且，橄榄油是一种液体，它还有助于让热量更均匀地分布到整个锅中，从而使糖煮得更均匀并获得一致的颜色。

炒糖色前，需向锅中倒入一些食用油

小呆：为什么炒糖色的时候，锅里会冒泡？

壮博士：

这些气泡是冰糖加热时释放的水蒸气。冰糖是一种晶体，被加热时，其中的氢原子和氧原子会分离出来，以水分子的形式离开，表现为融化。

冰糖是一种晶体

壮博士：

我们会看到冰糖逐渐变成了液体。这些液体在受热时，形成了水蒸气，气泡上升到糖色表面并破裂。在加热的过程中，随着水分不断减少，融化的糖浆也就变得更黏稠了。

小呆：白冰糖放进锅里怎么会变成深褐色？

壮博士：

这是因为糖被加热到高温时，会分解成更小的分子，形成有香味的、黏稠的、深褐色的新化合物，看起来就像一层深色的糖衣。这个过程叫作焦糖化反应。

焦糖化反应也就是我们说的“炒糖色”，这是非常关键的一步。除了要在锅里放入糖之外，炒糖色还需要具备三个条件才能够完成。第一，温度。一般来说，当温度达到 160 ℃左右时，才会发生焦糖化反应。第二，时间。焦糖化反应需要时间让糖分子分解和重组。第三，pH 值。酸性的环境（即较低的 pH 值）有利于分解糖分子，增强焦糖化反应。

小呆：

pH 值是什么意思？

壮博士：

pH 值是衡量溶液酸性或碱性程度的量度，范围是 0 ~ 14。pH 值为 7 的溶液是中性的，既不是酸性也不是碱性。

pH 值低于 7 的溶液被认为是酸性的，pH 值越低表明酸性越强。pH 值高于 7 的溶液被认为是碱性的，pH 值越高表明碱性越强。

生活饮用水的pH值为6.5 ~ 8.5

小呆：这根大鸡腿好粗啊！它里面是什么样的呢？

壮博士：

鸡腿是由骨骼和鸡肉两部分组成的。正如人类的腿也是由骨骼和肌肉组成的一样。而鸡肉的内部主要是由肌肉组织和结缔组织组成的。先说结缔组织，结缔组织负责支撑、连接肌肉和骨骼，还有储存营养、保护防御的作用。鸡肉的结缔组织主要有肌腱、筋膜和胶原蛋白等。你看这根鸡腿，这些像网一样的乳白色物质就是筋膜！

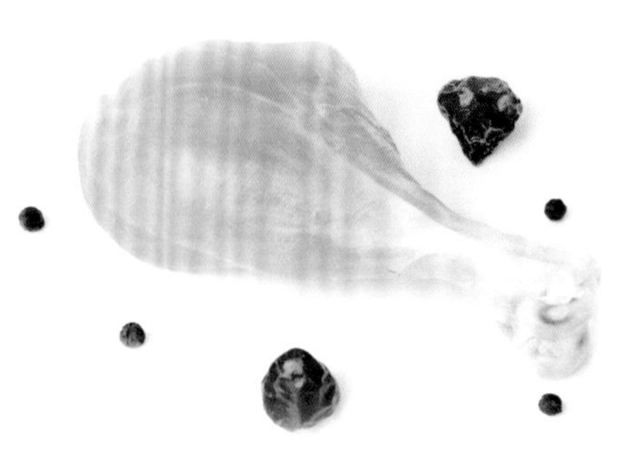

鸡腿上带有部分乳白色的筋膜

再说肌肉组织。不论是动物还是人类的运动，都离不开肌肉组织，因为肌肉组织具有能收缩和放松的特性。肌肉组织的层次十分分明，它是由束状的肌纤维排列而成。每条肌纤维又由更细的束状肌原纤维排列而成。而肌原纤维又由肌动蛋白（细纤维）、肌球蛋白（粗纤维）两种蛋白质束状排列而成。这么说有点抽象，看看这张人类肌肉的剖面图就明白了！

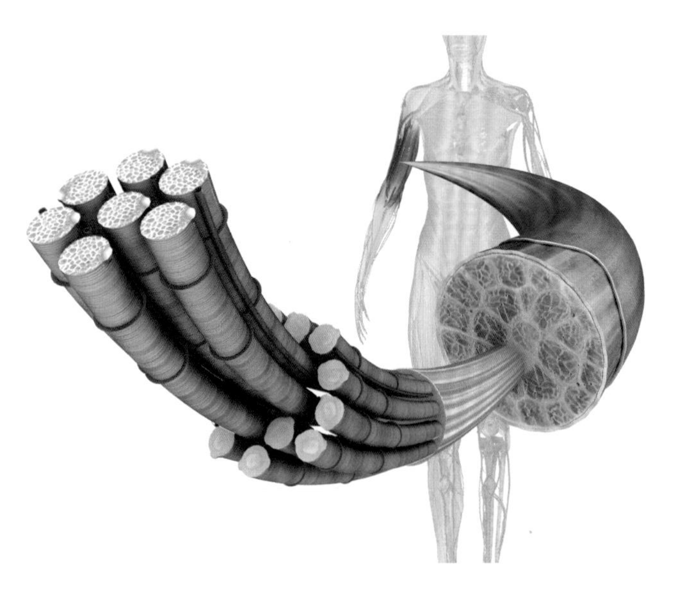

人类肌肉组织层次分明，由束状的肌纤维排列而成

小呆：随着鸡腿在锅里煮的时间增加，肉也在逐渐变嫩，这是什么原因呀？

壮博士：

还记得我们刚才说过，鸡肉的结缔组织中含有一种叫作胶原蛋白的蛋白质吗？胶原蛋白在热的作用下，会发生水解反应，水解的产物叫作明胶。明胶是一种透明无味的胶质，相比于胶原蛋白，它的质地更加柔软滑嫩。鸡肉的肉质在煮的过程中逐渐变嫩，就有明胶的功劳。由于质地柔软，明胶还经常会被用来制作软糖、冰激凌和酸奶等食物呢！

不过，可不是煮的时间越久，肉就会越好吃。煮得太久，肉会变煳变烂，口感就不好了。只有在合适的时间范围和温度范围内，肉质才是最好的。大厨们常说的“掌握好火候”就是这个意思！

明胶可以被用来制作酸奶

明胶也常被用来制作冰激凌

小呆的实验时间

炒糖色的过程真的好神奇！小呆产生了一个想法：既然水和油都是液体，那为什么炒糖色的时候要放油而不是水呢？小呆决定探索一下！

1. 提出问题

为什么炒糖色的时候要用油而不是水？

橄榄油

2. 调查研究

小呆认为，和炒糖色过程有直接关系的是焦糖化反应，特别是焦糖化反应需要具备的几个条件，应该能对解答问题有所帮助。

为了比较油和水，还要了解油和水的不同之处以及糖的主要成分。

另外，炒糖色是为了完成给鸡腿上色的任务，所以了解鸡腿的内部结构及烹饪过程中鸡肉发生的化学反应，也许会对解答问题有帮助。

焦糖化反应

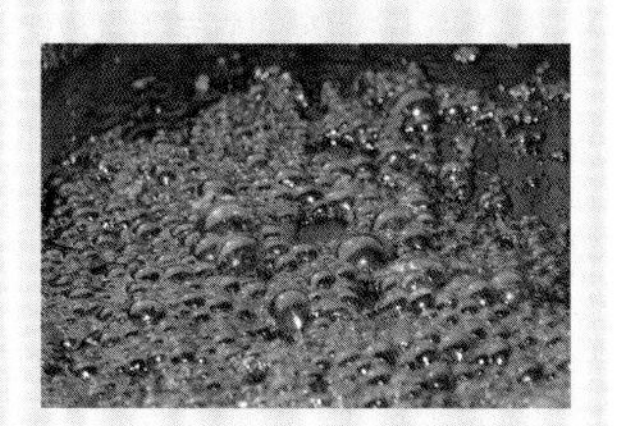

（1）反应过程：糖被加热到高温时，会分解成更小的分子，形成有香味的、黏稠的、深褐色的新化合物。

（2）反应条件：

⊙糖的存在

⊙**温度：**一般在 160 ℃ 左右

⊙需要一定的时间

⊙**pH 值：**酸性的环境（pH 值较低）可增强反应

油的特点

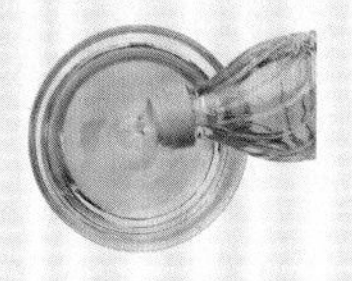

⊙浅黄色液体

⊙具有疏水性，不溶于水

⊙开火时被锅加热

⊙烹饪中使用的初榨橄榄油为中等酸性（pH 值为 4.5 ~ 5.5）

水的特点

⊙无色无味的透明液体

⊙**沸点：**100 ℃

冰糖的特点

⊙具有亲水性，可以溶于水

⊙味道甜甜的

⊙一开始呈透明固体，受热之后会变成糖浆

鸡肉的内部结构

（1）**结缔组织**

⊙ **作用：**支撑、连接肌肉和骨骼

⊙ **组成：**肌腱、筋膜和胶原蛋白等

（2）**肌肉组织**

⊙ **作用：**使生物体能够运动

⊙ **结构：**肌肉由束状的肌纤维排列而成。每条肌纤维由更细的束状肌原纤维排列而成。肌原纤维又由肌动蛋白（细纤维）、肌球蛋白（粗纤维）两种蛋白质束状排列而成

蛋白质水解反应

（1）**反应过程：**鸡肉结缔组织中的胶原蛋白在热和蛋白酶的作用下，发生不可逆的水解反应，水解为明胶，形成滑嫩柔软的质地。

（2）**明胶的特点：**

⊙ 白色或浅黄色，透明，无味

⊙ 一种质地柔软的胶质

⊙ 常被用来制作软糖、冰激凌和酸奶等食物

思考和分析：

炒糖色是一种焦糖化反应，而油有可能比水更满足焦糖化反应的条件。比如，油或许能比水更快达到反应所需的温度，从而增强焦糖化反应。

综上，使用油可能是为了更好地促进焦糖化反应，使炒糖色达到更好的效果。

那就提出假设，来验证一下吧！

3. 制订计划

提出假设：油比水能更好地促进焦糖化反应。

设计实验：控制变量，使用等量的水和油，并尽量使水温和油温保持一致。分别用水和油各炒一次糖色，记录下反应的过程，并进行比较。

【实验步骤】

（1）在炒锅中倒入1勺食用油，打开小火，计时半分钟后，放入半勺冰糖。

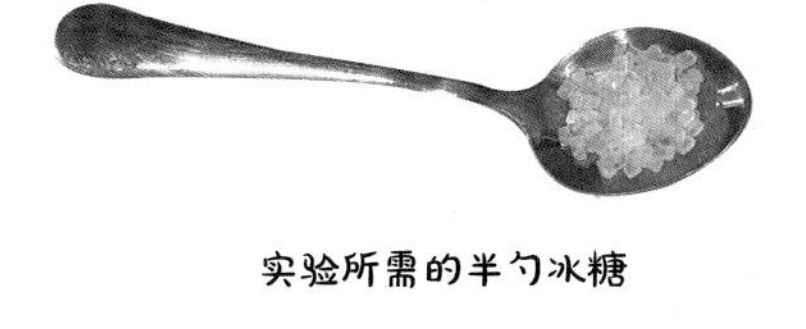

实验所需的半勺冰糖

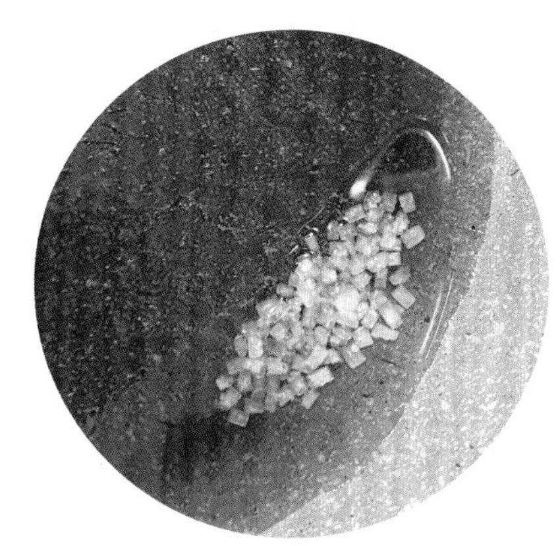

炒锅中的油和冰糖

（2）观察冰糖在油中是否能够发生焦糖化反应，记录反应过程。为了观察方便，建议将反应后的溶液倒入碗中。

（3）清洗炒锅，擦干净，静置冷却。

注：出于安全考虑，步骤（2）非常关键，一定要确保炒锅中的液体均已擦拭干净再进行下一步。

（4）在炒锅中倒入1勺常温水，打开小火，计时半分钟后，放入与步骤（1）中等量的冰糖。

（5）观察冰糖在水中是否能够发生焦糖化反应，记录反应过程。为了观察方便，建议将反应后的溶液倒入另一个碗中。

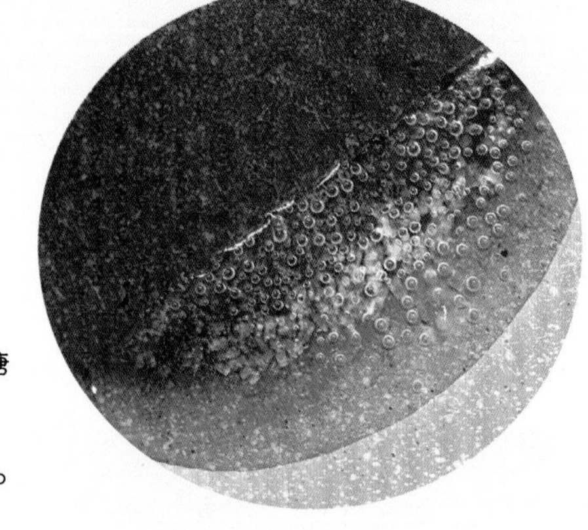

炒锅中的水和冰糖

（6）比较两次反应过程的记录。

【实验设备】

计时器（也可用有计时功能的手机）；炒锅 1 个；碗 2 个；冰糖；等量的食用油和常温水

【数据收集方法】

通过肉眼观察的方法对焦糖化反应过程进行评价。

4. 采取行动

注：炒糖色的过程中有被热糖和蒸气灼伤的危险，需在家长的陪同下进行实验。实验时务必小心谨慎，并采取适当的保护措施，如戴上围裙和手套，尽可能避免皮肤裸露在外。

按照实验步骤开展实验，并通过肉眼观察的方式对焦糖化反应过程进行评价。

（1）使用油：整个过程中油没有沸腾。在放入冰糖约 2 分 30 秒后，冰糖融化，形成深褐色的物质。

油和冰糖反应后得到的褐色物质

（2）使用水：放入冰糖 1 分 30 秒后，冰糖融化，形成清澈透明的溶液。在此过程中，锅中的水出现了沸腾现象，冒出较多气泡。

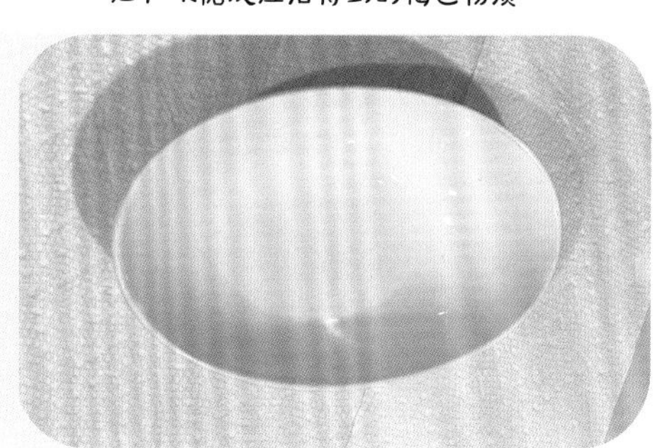

水和冰糖反应后得到的溶液

分析：从实验结果来看，使用油有助于较快形成烹饪所需要的深褐色的、浓稠的“糖色”。由此可见，油的确比水更容易促进焦糖化反应，之前提出的假设得以验证。

5. 反思

分析和思考：油比水更容易促进焦糖化反应的原因主要有以下两点。

◎温度

沸点

在实验中，水在加热后不久就沸腾了起来。而水在达到沸点（100 ℃）后，水温不再继续上升。因此，锅里的水温低于焦糖化反应所需的温度

（160℃），无法满足焦糖化反应所需的温度条件。而油的沸点一般在200℃以上，所以油可以在达到沸点前帮助糖进行焦糖化反应。

蒸发散热

在实验中，水被加热后会以水蒸气的形式蒸发，而蒸发是一个散热过程，降低了供糖发生反应的温度，从而减慢了焦糖化反应的进程。而油的蒸发速度更慢，肉眼几乎观察不到，所以油能比水更快达到焦糖化反应所需的温度。

比热容

水的比热容是油的 2.1 倍（水的比热容约为 4200 焦 / 千克 · 开，而油仅有 2000 焦 / 千克 · 开）。这就意味着，把水和油加热到同样的温度，前者所需热能是后者的约 2.1 倍。因此，同样使用中火进行加热的话，油比水升温更快，可以更快地达到焦糖化反应所需的温度。

◎糖的浓度

糖是亲水性的，冰糖溶于水后，糖的浓度下降。而较低的糖浓度意味着可用于参与焦糖化反应的糖分子较少，从而减慢了焦糖化反应。

而油和糖并不相溶，所以油不会降低糖浓度。

实验不足：

实验过程中，无法使炒锅中的油温和水温完全保持一致。

实验拓展方向：

（1）从以上实验中，我们可以观察到，水的蒸发速度比油更快，蒸发过程中会产生水蒸气。这是为什么呢？我们可以展开进一步的调研和实验。

（2）超市里面的油有好多种，除了这次选用的橄榄油，还有花生油、玉米油、大豆油等。可以尝试用其他种类的油炒糖色，看看是否会产生不同的效果。

小呆的科学笔记

小呆在日记本中写下这样一段话：

“今天我学会了烹饪红烧鸡腿，特别是对炒糖色的过程产生了新的认识。我觉得，炒糖色一定要做到眼疾手快。糖的颜色从无色变为浅褐色，再由浅褐色变成深褐色的过程也就短短几分钟而已，要‘该出手时就出手’，这叫‘把握时机’。如果时间长了，糖就会变煳变焦，还有苦味，这叫‘过犹不及’。”

小朋友们，你的生活中是不是也有类似的经历？写一写你的感悟吧。

第五讲

会变魔术的渗透压

——凉拌黄瓜

物理

生物

凉拌黄瓜：
简单好学易上手 清爽开胃的夏日凉菜

凉拌黄瓜的魔法卡片

名称：凉拌黄瓜

种类：蔬菜类

颜色：绿色

烹饪菜谱

特点：酸爽可口，脆嫩多汁，十分开胃

烹饪用料

（用料以文字为准，图片仅作参考）

黄瓜 1 根

小葱 1 根

大蒜 3 瓣

生抽 2 勺

盐半勺

橄榄油 2 勺

米醋 2 勺

白砂糖 1 勺

香油 1 勺

准备厨具

菜刀和案板

炒锅

锅铲

小碗和大碗

盛菜的盘子

烹饪过程

1 先在整根黄瓜中间切一刀，一分为二。

2 然后把黄瓜切面朝下，用刀背使劲拍黄瓜，直到拍碎。
注意：这一步建议由家长完成，或直接跳过。

3 把黄瓜切成大小相同的几小段，把所有切好的黄瓜放进大碗里。

4 往装有黄瓜的大碗里撒上 1 大勺盐，拌匀，腌制 30 分钟（可以设好闹钟）。

5 取 1 根小葱，切成葱末。

6 取 3 瓣大蒜，切成蒜末。

7 拿1个小碗，放入葱末、蒜末，再倒入 2 勺生抽、2 勺米醋（或香醋）、半勺盐、1 勺白砂糖、1 勺香油，拌匀。

8 灶台开火，把炒锅烧热后，放入 1 勺橄榄油。

9 等橄榄油烧热之后，关火，把锅里的油倒入步骤 7 的小碗里。

10 等黄瓜腌制到 30 分钟时，把从黄瓜里流出来的水全部倒掉，然后把黄瓜条一根根拿出来，尽量整齐地摆放在好看的盘子上。

11 把之前（步骤 9）准备好的调料汁倒在装有黄瓜的盘子上，大功告成!

小呆的提问环节

小呆：黄瓜明明是绿色的，为什么叫黄瓜呢？

壮博士：

黄瓜在尚未成熟时，的确是绿色的，这个阶段的黄瓜清脆可口，适合生吃。我们这次做菜用的就是未成熟的嫩黄瓜。

未成熟的嫩黄瓜，表面和内部都呈绿色

黄瓜花

等黄瓜变成熟之后，黄瓜中的叶绿素含量逐渐减少，黄瓜就会呈现出黄色。而且，你有没有观察过黄瓜开的花？黄瓜的花也是黄色的哟！

就像《本草纲目》中写的那样：“叶如冬瓜叶，亦有毛。四五月开黄花，结瓜围二、三寸，长者至尺许，青色，皮上有如疣子，至老则黄赤色。”

小呆：把盐和黄瓜放在一起，过了一会儿，怎么冒出来这么多水呢？难道是盐对黄瓜施了魔法吗？

壮博士：

哈哈！这些水都是从黄瓜里面渗透出来的！你说的魔法，其实是物理学中一个非常重要的知识点——渗透压。浓度高的溶液渗透压高，浓度低的溶液渗透压低。而水总是会由低浓度溶液的区域渗透至高浓度溶液的区域，直到活细胞内外的浓度平衡为止。

小呆：

等等！你说的渗透压跟黄瓜有什么关系？

壮博士：

我们说回黄瓜。我们在黄瓜的表面均匀地撒了盐，现在，你来尝试回答这个问题：你认为是黄瓜内部的盐浓度更高，还是黄瓜外部的盐浓度更高呢？

小呆：

那还用说吗？肯定是外部呀，因为盐都撒在表面了，对吧？

壮博士：

是的。黄瓜本身是不含盐的，所以黄瓜外部的盐浓度远高于黄瓜内部的盐浓度。这时，根据渗透压的物理学原理，黄瓜果肉细胞里的水分就会自发地从内部渗透到外部环境中，这就是我们肉眼看到的黄瓜“出水”现象！

小呆：

我们为什么不想让黄瓜里面保留很多水呢？

壮博士：

首先，是口感的原因。如果你希望吃到的黄瓜口感脆爽，那就要多用盐腌一会，让水分充分地流出。其次，黄瓜的水分流出来的同时，也会有一部分盐透过细胞壁进入到黄瓜中，实现“入味”的目的。吃起黄瓜来，会发现这样做出来的黄瓜不仅表面会有料汁的味道，而且它的内部也有咸味，这就是我们俗称的“底味”啦！

小呆：可是，为什么黄瓜的细胞里会有水呢？

壮博士：

这也是个好问题！要回答你这个问题，首先我们要了解黄瓜的细胞结构。黄瓜作为一种植物，含有维持它基本生命活动的植物细胞。其实，不管是哪种植物的植物细胞，基本结构都是一样的——由细胞壁、细胞膜、细胞质和细胞核四部分组成。液泡、叶绿体都是细胞质的组成部分。

看看这张图就一目了然啦！现在，我想让你猜一猜，植物细胞中的水分主要是来自哪个部分呢？

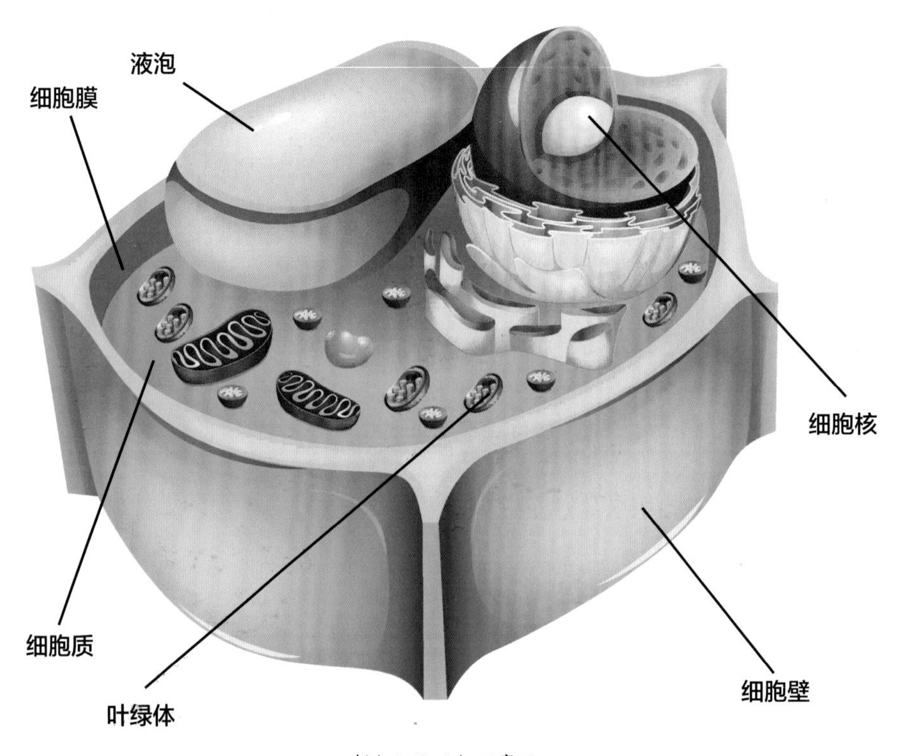

植物细胞结构示意图

小呆：

我猜是液泡。图里这个液泡看着就水汪汪的。

壮博士：

猜对了！植物细胞中的液泡含有大量的水分。在我们刚才提到的高渗透压环境下，这些水分可以突破细胞膜和细胞壁，跑到外面来。

小呆：

我看黄瓜变得瘪瘪的、蔫蔫的，就是因为水分流出来了吧。

壮博士：

植物细胞也是这个道理。用生物学的术语来说，这叫作质壁分离。这个词很好理解，“质”指的是细胞质，“壁”指的是细胞壁。质壁分离的意思就是植物细胞在高渗透压环境下，水分从细胞中流失，导致细胞质与细胞壁分离。植物细胞的细胞壁是稳定的结构（可以理解为支架），并不会变形。你可以想象一下，我拿着一块浸满水的海绵，把海绵里的水用力挤出去，水虽然流失了，但海绵的形状并没有发生很大改变。

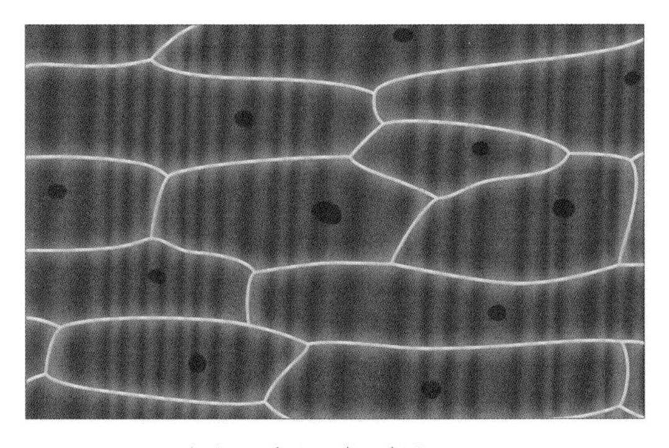

未出现质壁分离的植物细胞

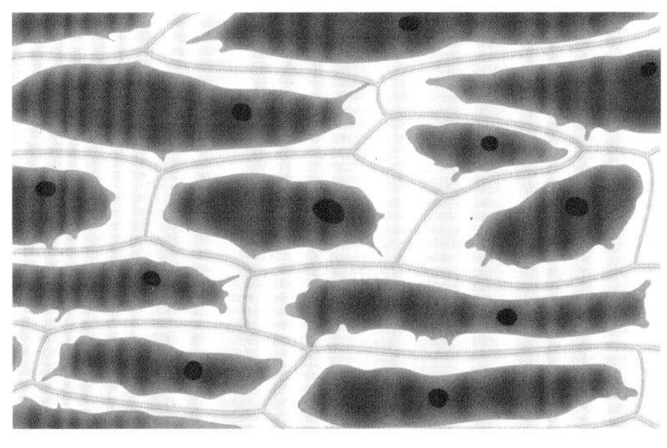

出现了质壁分离的植物细胞

小呆的实验时间

小呆有些好奇，黄瓜分为三个部分——黄瓜皮、黄瓜果肉和黄瓜籽，水分是只集中在我们常吃的果肉部分，还是每个部分都含有水分呢？小呆决定探索一下！

1. 查找资料

小呆把魔法书平摊开，放在桌子上，嘴里念念有词：“科学科学，给我指引！”魔法书里立刻浮现出这样一段话：“黄瓜的三个部分都含有水分，它们都为黄瓜的总体含水量做出了自己的贡献。”

2. 制订计划

提出假设：黄瓜皮、黄瓜果肉和黄瓜籽中均含有水分。

设计实验：让同一根黄瓜的三个部分——黄瓜皮、黄瓜果肉和黄瓜籽分别与盐进行反应，一段时间后，观察三个部分的出水量。

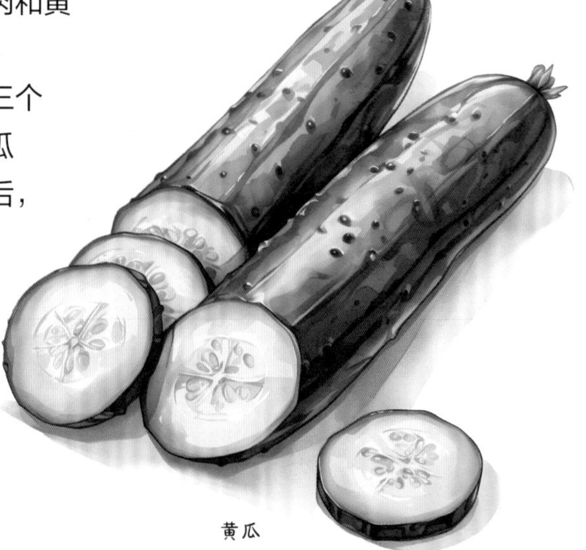

黄瓜

【实验步骤】

（1）用削皮刀给黄瓜削皮，然后把削下来的黄瓜皮全部放进第一个碗里。

放在碗中的黄瓜皮

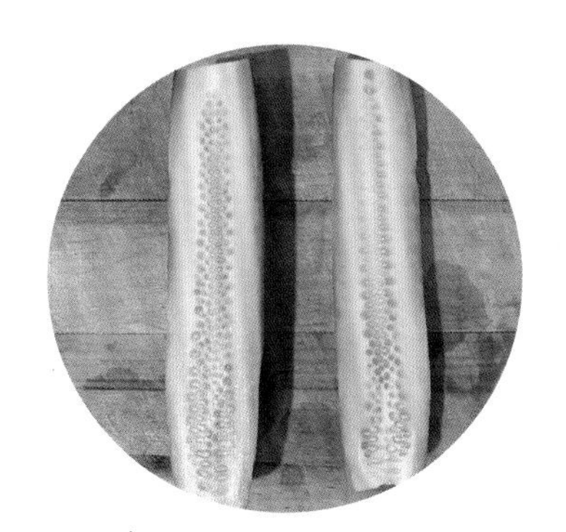

案板上被一分为二的黄瓜

（2）把削皮后的黄瓜放在案板上，用切菜刀把黄瓜从中间竖着切一刀，一分为二。

（3）用切菜刀把黄瓜中间含籽的瓤切下来，把籽及瓤放进第二个碗里。

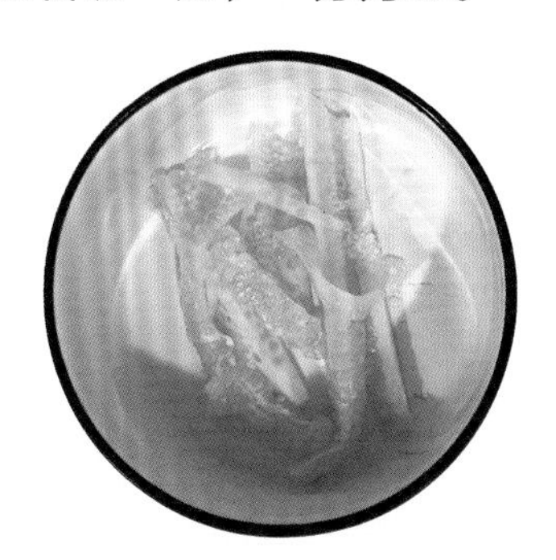

放在碗中的黄瓜籽及瓤

（4）用切菜刀将剩下的黄瓜果肉切成小块，装进第三个碗里。

放在碗中的黄瓜果肉

（5）向3个碗里分别倒入1勺食盐。

1勺食盐

（6）用筷子分别将各碗中的内容物和食盐拌匀，尽量让食盐均匀地覆盖在黄瓜皮、黄瓜果肉和含黄瓜籽的瓤上。

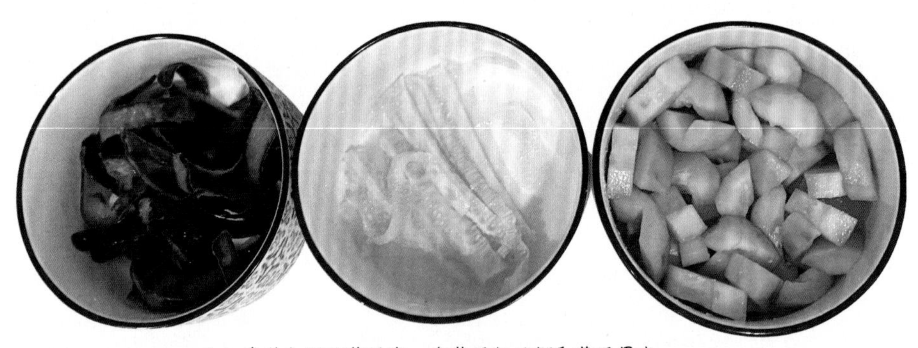
加入食盐之后的黄瓜皮、含黄瓜籽的瓤和黄瓜果肉

（7）计时1小时，观察3个碗里是否有水分产生。

注意：不熟练地削皮、取籽和切块很容易发生危险，建议在家长的陪同下进行上述操作。

【实验设备】

黄瓜1根；切菜刀1把；削皮刀1把；案板1块；等大的碗3个；盐；计时器（也可用有计时功能的手机）

【数据收集方法】

肉眼观察。

3. 采取行动

按照实验步骤开展实验，并通过肉眼观察的方式对含黄瓜籽的瓤、黄瓜果肉和黄瓜皮是否产生水分进行评价。

提示：为便于观察，可将含黄瓜籽的瓤、黄瓜果肉和黄瓜皮拨至碗的一侧，或将碗倾斜一些。

（1）装有含黄瓜籽的瓤的碗中产生了较多的水分。

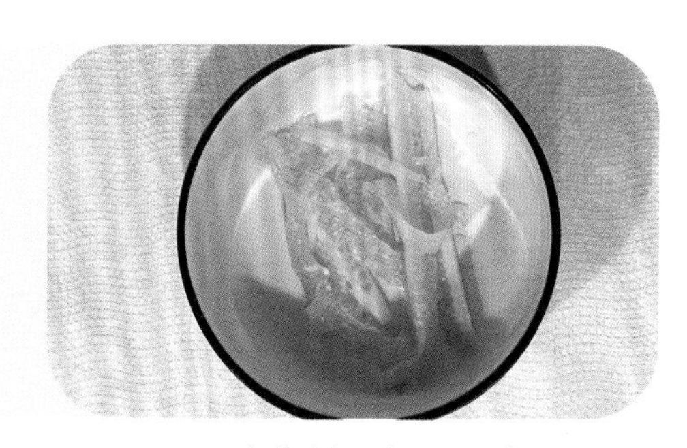

含黄瓜籽的瓤的出水情况

（2）装有黄瓜果肉的碗中产生了较多的水分。

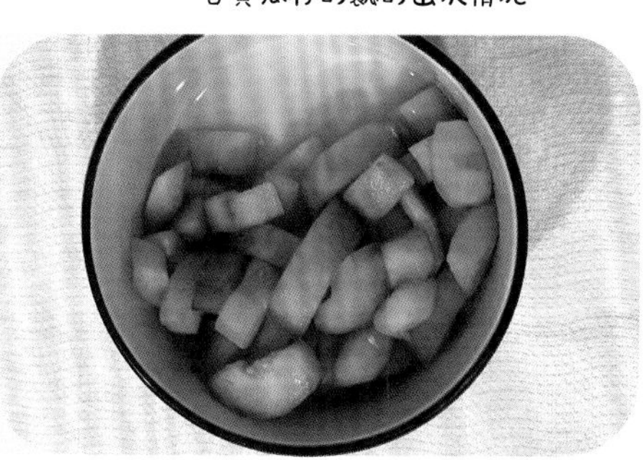

黄瓜果肉的出水情况

（3）装有黄瓜皮的碗中也产生了水分，不过水分较少。

黄瓜皮的出水情况

实验分析：从观察结果来看，黄瓜中的三个部分均与盐发生反应，产生了水分。

4. 反思

分析和思考：

含黄瓜籽的瓤、黄瓜果肉和黄瓜皮均可以与盐发生反应，产生水分，这说明含黄瓜籽的瓤、黄瓜果肉和黄瓜皮中均含水。

实验不足：

实际上，我们很难将黄瓜完美地分为含黄瓜籽的瓤、黄瓜果肉和黄瓜皮，例如：在给黄瓜削皮时，难免会削下部分果肉；而切含黄瓜籽的瓤时，也难免会切下黄瓜果肉。所以实验易产生误差。

实验拓展方向：

黄瓜有很多品种，可以对不同品种黄瓜的含水量进行对比。

小贴士

黄瓜的含水量为96%左右，食用黄瓜可以解暑止渴

黄瓜竟比西瓜含水量高

在烈日炎炎的夏天，大家都喜欢吃块大西瓜解渴，但你可能不知道，黄瓜的含水量比西瓜更高。黄瓜的显著特点就是含水量非常高，为96%左右，而西瓜的含水量是91.5%左右。所以啊，想要解暑止渴，来一根黄瓜是最好不过的了。

黄瓜的本名叫胡瓜

黄瓜原本叫胡瓜

黄瓜起初并不在中原地带种植，而是汉武帝时期张骞出使西域带回来的“异域品种”，所以黄瓜最开始的名字叫作“胡瓜”。

那么，胡瓜为什么要改名呢？李时珍的《本草纲目》提到，杜宝的《拾遗录》中记载：“隋大业四年避讳，改胡瓜为黄瓜。”意思是说，隋朝大业年间，因为避讳，“胡瓜”改名为“黄瓜”。

避讳什么呢？唐代史学家吴兢在《贞观政要》里有这样一句记载：“贞观四年，太宗曰：‘隋炀帝性好猜防，专信邪道，大忌胡人，乃至谓胡床为交床，胡瓜为黄瓜，筑长城以避胡……’”可见，隋炀帝性格多疑，非常忌讳胡人，所以给胡瓜改了名字。

黄瓜的种植

黄瓜喜温暖，不耐寒冷。我国的黄瓜产地集中分布于湖南、广东、河南、浙江、湖北等地。

因为种植时间的不同，黄瓜又分为春黄瓜和秋黄瓜。春黄瓜 4—5 月份成熟，秋黄瓜则在 9 —10 月份成熟。

于春天成熟的春黄瓜

于秋天成熟的秋黄瓜

五月八日游中桥唐园

清 朱晓琴

果熟榴红曙色晴，阴阴夏木午风清。
柳无白絮三春过，藤有黄瓜五月生。
座对青山浑入画，门依绿水得幽情。
喜看嫩笋多成竹，一树浓槐蜩几声。

秋怀四首·其二

宋 陆游

园丁傍架摘黄瓜，村女沿篱采碧花。
城市尚余三伏热，秋光先到野人家。

上面两首诗中都写到了黄瓜，但描写的是不同的季节。朱晓琴的诗描写的是五月份的春黄瓜，而陆游的诗描写的则是三伏天已过，夏末初秋时节的秋黄瓜。

著名诗人苏轼的笔下也有黄瓜的身影——

浣溪沙·簌簌衣巾落枣花

宋 苏轼

簌簌衣巾落枣花，村南村北响缫车。牛衣古柳卖黄瓜。
酒困路长惟欲睡，日高人渴漫思茶。敲门试问野人家。

这首词的意思是：枣花纷纷落在行人的衣服和头巾上，村南村北响起车缫丝的声音。身穿粗布衣裳的农民在老柳树下叫卖着黄瓜。

路途遥远，酒意上心头，我昏昏欲睡。艳阳高照，我想要喝些茶水来解渴。我敲了一户农家的院门，问问可否给碗茶喝。

很显然，这首词描写的是夏天的景象。因此，农民伯伯在叫卖的很可能是春黄瓜。

小呆的科学笔记

一道普通家常菜，竟然包含着丰富的知识点，我们一起帮小呆梳理一下吧！

1. 高渗透压 / 低渗透压下水的流动

高浓度溶液渗透压高，低浓度溶液渗透压低。而水总是会由低浓度溶液的区域渗透至高浓度溶液的区域，直到活细胞内外的溶液浓度平衡为止。

2. 植物细胞结构

植物细胞由细胞壁、细胞膜、细胞质和细胞核四部分组成。液泡和叶绿体都是细胞质的组成部分。其中，液泡里含有大量的水分。

植物细胞结构示意图

3. 质壁分离

植物细胞在高渗透压环境下，水分从细胞中流失，导致细胞质与细胞壁分离。

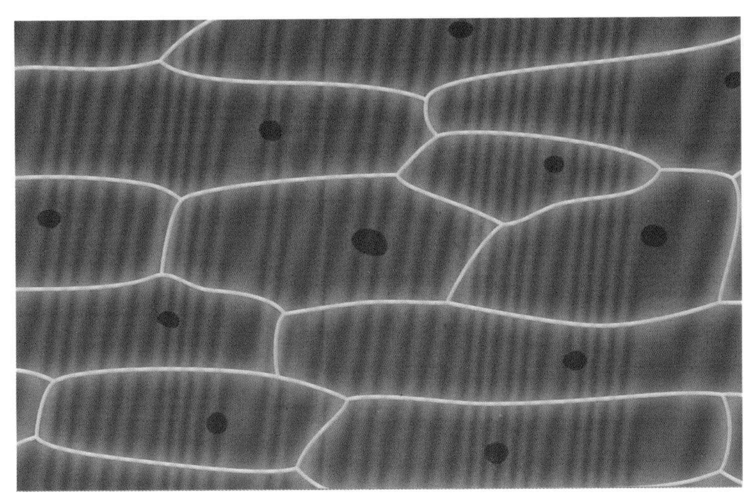

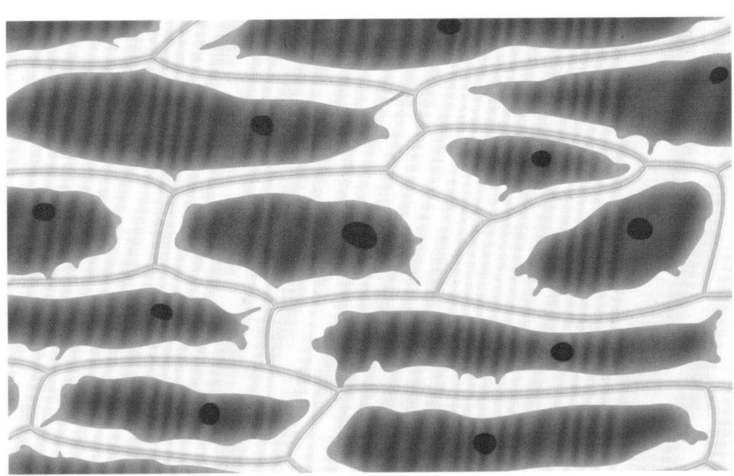

植物细胞质壁分离示意图

第六讲

从小小种子开始的成长旅程——西瓜

名称：西瓜

种类：水果类

颜色：绿色，红色

禁忌：不宜食用过多

小呆的提问环节

小呆：一颗小小的西瓜种子，是怎么长成硕大的西瓜的呢？

壮博士：

我们吃到的西瓜其实是结出的果实，而在结果之前，还有一些必不可少的步骤。和其他植物一样，西瓜的生长也需要五大要素——阳光、空气、水分、温度和土壤（养料）。

植物生长五大要素——阳光、空气、水分、温度和土壤（养料）

具备了这些必要条件之后，西瓜种子就会开始发芽，长出叶子和茎，然后还会开出黄色的小花。不过，想要结出大西瓜，还需要非常关键的一步——授粉。你知道授粉有几种形式吗？

小呆：

我记得应该有两种，对吗？

壮博士：

没错！一种是自花授粉。如果同一株花中既有雄蕊，也有雌蕊，那么雄蕊的花粉落到雌蕊的柱头上就可以完成授粉，十分方便！而另一种是异花授粉，这种方式要麻烦一些。由于雄蕊和雌蕊没有生长在同一朵花中，甚至有可能不长在同一株植物上，这样就需要借助风、昆虫或人工的帮助，将雄花花粉转移到雌花，才能完成授粉。

蝴蝶可以将雄花花粉转移到雌花上完成授粉

蜜蜂也是植物异花授粉的好助手

壮博士：

西瓜花就属于异花授粉的花。在外界的帮助下完成授粉后，西瓜花就会逐渐发育成果实了。在西瓜成熟的过程中，表皮会渐渐变成深绿色，还会变得沉甸甸的。当西瓜的藤蔓变黄，就是收获的信号了！不同的品种和生长条件都会影响西瓜的成熟时间，西瓜从播种到成熟一般需要 70 ~ 90 天呢。

成熟的西瓜

小呆：可我想象不出来，西瓜花又是怎样变成大西瓜的？

壮博士：

好的，那我就来具体讲一讲吧！西瓜花的雌花非常关键，雌花是由花柄、花托花萼、花冠和雌蕊组成的。其中，雌蕊是与西瓜果实的生长成熟关系最密切的部分——接收来自雄蕊的花粉，进行花粉输送，完成受精，孕育果实的过程都是在雌蕊中进行的。

我们看看这张雌蕊的示意图。雌蕊是由柱头、花柱和子房组成的。其中，柱头负责接收花粉；花柱呈细长管状，起到连接柱头和子房的作用；而子房中含有胚珠，胚珠在接收到花粉后受精，发育成西瓜的种子。随后，子房不断膨胀扩大，逐渐形成西瓜果实。

雌蕊由柱头、花柱和子房组成

小呆：

雌蕊中的子房是不是就像妈妈的肚子一样？

壮博士：

没错！西瓜果实就像小宝宝一样，而子房承担着孕育西瓜果实，使其生长成熟的责任。

小呆：西瓜为什么这么甜？

壮博士：

这是因为西瓜中主要含有果糖、葡萄糖、蔗糖这几种天然糖分，而这些糖分都有甜味。不过，这几种糖分的甜度可不一样，按从大到小排序为：果糖 > 蔗糖 > 葡萄糖。如果我们把蔗糖的甜度设定为 1，果糖和葡萄糖的甜度约为 1.7 和 0.7。咱们吃的大西瓜里最多的糖分就是有着较高甜度的果糖，占到整个西瓜含糖量的 50% 以上。

甜甜的西瓜

糖可是好东西，它不仅是西瓜中甜味的来源，还是人体重要的营养素呢！

小呆：哦？糖还可以给人体补充营养吗？

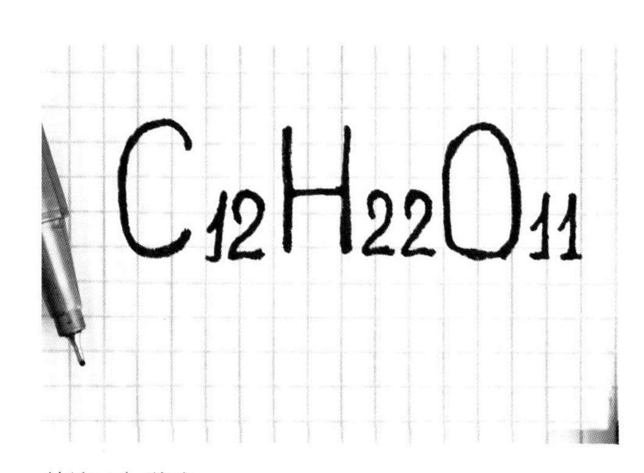

蔗糖的化学式

壮博士：

当然！糖也叫碳水化合物，是人体非常重要的营养来源。糖主要分成三大类——单糖、双糖和多糖。单糖是碳水化合物的最简单形式，由单个糖分子组成。咱们刚才提到的果糖和葡萄糖都属于单糖。而蔗糖是一种双糖，它是由两个单糖——葡萄糖和果糖组成的。当我们摄入蔗糖时，它会在消化系统中分解成单糖，然后被血液吸收，成为供身体使用的能量。

还有一种类型叫作多糖，多糖是由多个糖分子组成的复杂碳水化合物。多糖既包括植物多糖，主要有纤维素和淀粉；还包括动物多糖，主要为肝糖原和肌糖原。相比于单糖和双糖，多糖需要更多的时间和能量才能在消化系统中分解，并且可以为身体提供更持久的能量。

小呆：刚才在超市里，你挑西瓜的时候左拍拍、右拍拍，还把耳朵凑上去，很认真地听声音。这是为了判断西瓜熟没熟吗？

壮博士：

是的！拍打西瓜的时候，如果听到的是像拍脑门儿一样清脆的“啪啪”声，那大概率是生瓜；如果听到的是像拍胸脯一样浑厚的“嘭嘭”声，那很可能是熟得恰到好处的西瓜了，赶紧买回家！你可以拍拍自己的脑门儿和胸脯，感受一下两种不同的声音。

小呆：

这两个部位发出的声音还真是不一样！但这招靠谱吗？

壮博士：

通过拍西瓜来判断熟没熟的办法是具有一定科学依据的。你还记得声音是怎么产生的吗？

小呆：

书上说，声音是由物体振动产生的声波。声音是以波的形式振动传播的。

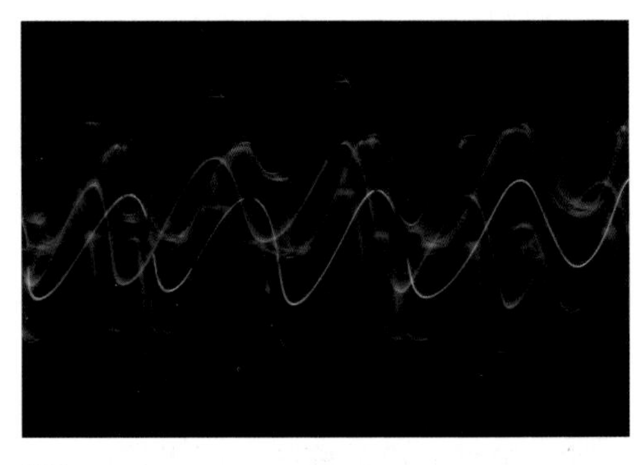
声波

壮博士：

没错，我拍西瓜的时候，西瓜的果皮和果肉发生振动，形成了我们听到的声音。声音有三个重要的特性——响度、音色和音调。现在我要再考考你：当我拍生西瓜和熟西瓜的时候，听到了不同的声音，这是响度的不同、音色的不同，还是音调的不同？

小呆：

我觉得，拍生瓜和拍熟瓜时产生的声音的音调不同。

壮博士：

恭喜你答对了！生西瓜果肉汁液少，非常结实，密度大。拍生西瓜时，西瓜振动频率高，音调也高，所以我们会听到清脆的声音。而熟西瓜果肉柔软多汁，密度小。拍熟西瓜时，西瓜振动频率低，音调也低，所以我们听到的声音就比较浑厚、低沉。

小呆：话说回来，咱们为什么非要费劲挑熟的瓜？生瓜就不能吃吗？

壮博士：

那是因为熟瓜比生瓜好吃多了！成熟的西瓜多汁、松软。更重要的是，熟瓜要比生瓜甜！

小呆：

为什么熟瓜更松软多汁，还更甜呢？

壮博士：

西瓜在没有成熟的时候，西瓜果肉细胞的细胞壁的主要成分是纤维素，它的质地比较坚韧。所以，没熟的西瓜果肉是硬硬的。随着西瓜的成熟，西瓜果肉中的纤维素酶会逐渐使细胞壁分解和破裂（更专

果肉软甜的熟西瓜

业的说法叫作“细胞壁降解”），坚韧的细胞壁被“拆除”，西瓜果肉自然就变软了。同时，随着西瓜的生长，细胞里的液泡也会增大，液泡里的水分就越多，果肉自然变得更加多汁。

而且，西瓜在成熟过程中，甜度也在逐渐增加。没成熟的西瓜细胞中主要含有以淀粉为主的多糖，而多糖是没有甜味的，所以生西瓜普遍不甜。随着西瓜的成熟，果肉细胞中的酶将多糖逐渐分解成单糖——葡萄糖和果糖（专业说法为“水解”）。之前我讲过，果糖是西瓜甜味的主要来源，有了甜甜的果糖，西瓜自然就变得更甜了。

小呆：把西瓜放进冰箱里面冰镇一下，感觉尝起来更甜了。这是我的错觉吗？

壮博士：

嘿嘿，这不是你的错觉，冰镇后的西瓜的确更甜了。

刚才咱们说过，西瓜中的主要糖分是果糖。果糖不仅是自然界甜度最高的糖类，同时它的甜度受温度的影响很大——温度越低，果糖的甜度越高。所以，冰镇的西瓜就会更甜。

有冷藏功能的冰箱，可用来冰镇西瓜

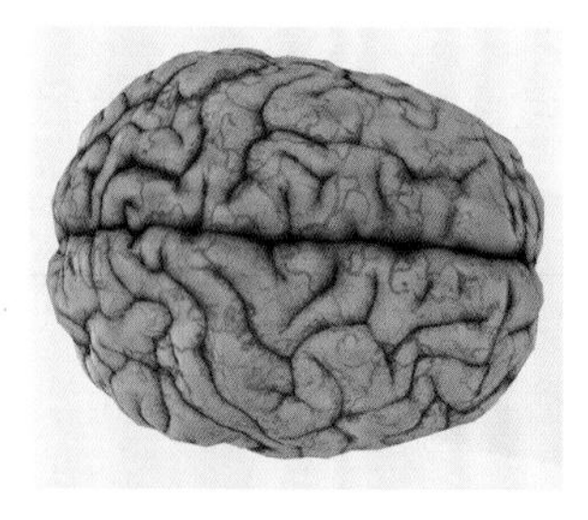

图为人的大脑。在品尝甜品时，大脑会收到味蕾发送的甜味信号

另外，我们人类的舌头上有一种叫作味蕾的味觉接收器，它能够感受到酸、甜、苦、咸等味道。在我们吃到甜甜的西瓜时，味蕾就会向大脑发送这样一条信息：“主人正在品尝带有甜味的食物！”这样，我们就会知道自己吃的东西是甜的。而在较低的温度下，味蕾对甜度更为敏感，加之果糖甜度提高，从而产生更强烈的甜味感知。

小呆的实验时间

小呆买了个大西瓜，把它放进了冰箱的冷藏室。过了几个小时，小呆忍不住把西瓜从冰箱里拿了出来，准备大快朵颐。

这时，小呆惊讶地发现，大西瓜竟然有“出汗”的迹象——瓜皮表面有点潮湿。小呆记得，刚放进冰箱的西瓜上是没有水的。西瓜为什么会“出汗”呢？小呆决定探索一下！

1. 查找资料

小呆把魔法书平摊开，放在桌子上，嘴里念念有词：“科学科学，给我指引！”魔法书里立刻浮现出这样一段话：“凝结是一种非常经典的物理现象，指气体遇冷变成液体的过程。比如，空气中的气态水（水蒸气）接触到温度更低的物体表面时，会凝结成液态水。”

2. 制订计划

提出假设： 西瓜“出汗”是因为西瓜周围空气中的水蒸气遇到冷的西瓜后发生凝结，形成了水滴。

设计实验： 将西瓜放到冰箱的冷藏室里（温度在1～5°C即可），计时3小时后取出，在室温下静置。观察西瓜表面出现的凝结现象。

【实验步骤】

（1）将一个表面没有水的西瓜放进冰箱的冷藏室里（温度控制在1～5°C即可）。

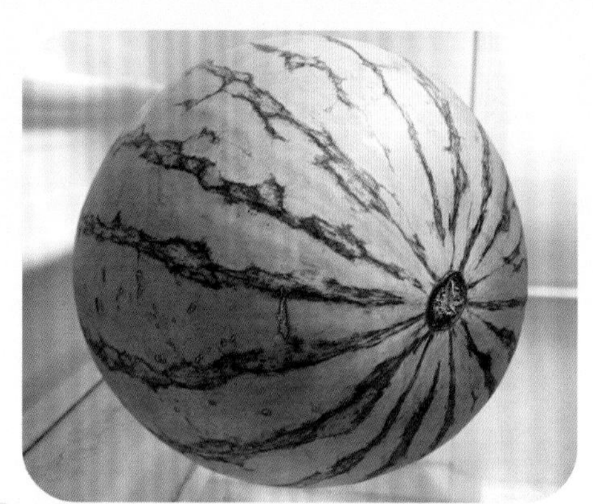

放置在冰箱冷藏室中的西瓜

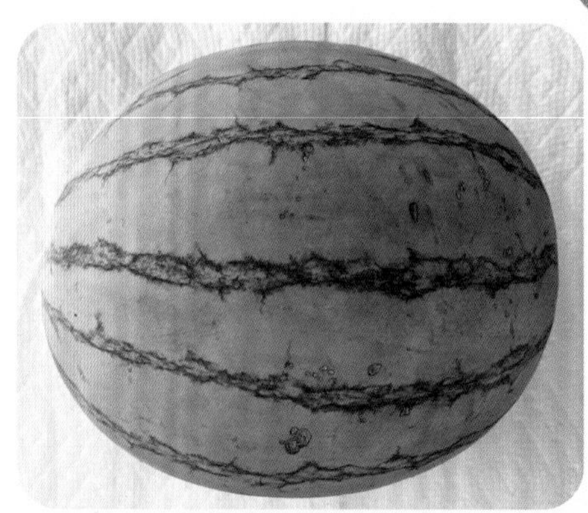

（2）用计时器计时。3小时后，将冰箱中的西瓜取出来，在室温下静置。

刚刚从冰箱中取出来的西瓜

（3）观察并记录西瓜表面是否出现凝结现象及凝结现象的具体表现。

【实验设备】

有冷藏室的电冰箱1台；西瓜1个；计时器（也可用有计时功能的手机）。

【数据收集方法】

通过肉眼观察和触摸两种方法，对西瓜表面的凝结现象进行评价。

3. 采取行动

按照实验步骤开展实验，并通过两种方式对西瓜表面的凝结现象进行评价。

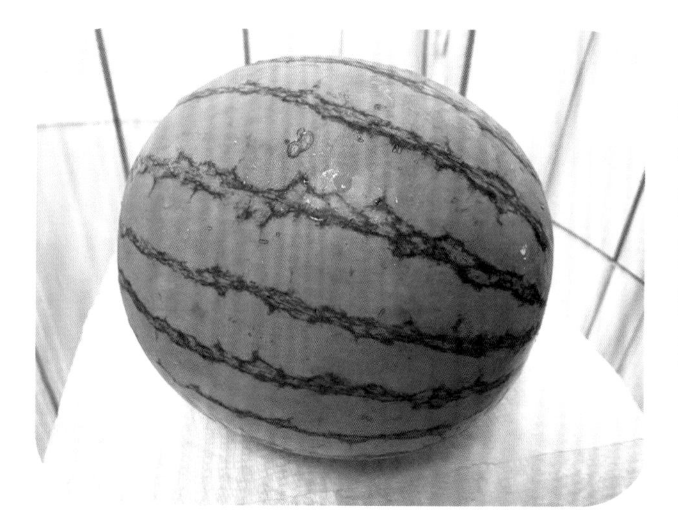

放置了30分钟的西瓜，可以看到表面出现了水滴

西瓜从冰箱中拿出来后，表面变得越来越潮湿。放置30分钟左右时，西瓜表面摸起来湿漉漉的，出现了较多水滴。

西瓜表面的水滴近景

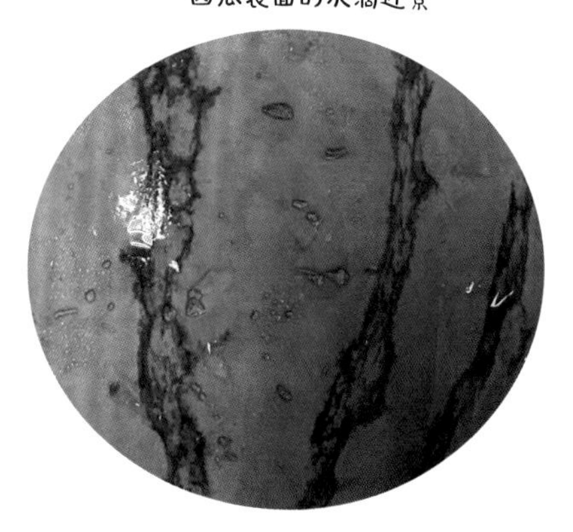

实验分析：从肉眼观察和触摸的结果来看，从冰箱冷藏室中取出的西瓜上出现了液态水，这说明西瓜表面的确出现了凝结现象。

4. 反思

分析和思考：

在冰箱冷藏室中放置了 3 个小时的西瓜，其表面温度会接近冰箱冷藏室的温度（1 ~ 5 °C）。本次实验中，室内温度大约为 20 °C，高于冰箱冷藏室的温度。因此，当把西瓜从冷藏室中取出来时，室内的空气接触到了西瓜的冷表面，从而发生凝结，形成了液体。这就是西瓜的瓜皮上会“出汗”的原因了。

实验不足：

资料显示，湿度也是影响凝结的因素之一。由于在日常生活中，很难对湿度进行精准控制，因此在本次实验中，没有控制湿度这一变量，而只能假设冰箱冷藏室和室内空气的湿度一致。

实验拓展方向：

本次实验中，我们用简单的形式探究了空气中的水蒸气遇冷凝结的过程。在以后的实验中，我们还可以进一步探究不同温度对水蒸气凝结速度的影响。比如，将从冰箱冷藏室中取出来的西瓜放置在不同温度的地方，观察并比较凝结速度的快慢。

小贴士

描写西瓜的古诗

《柳枝五首（节选）》

唐 李商隐

嘉瓜引蔓长，碧玉冰寒浆。
东陵虽五色，不忍值牙香。

《西瓜》

宋 顾逢

多自淮乡得，天然碧玉团。
破来肌体莹，嚼处齿牙寒。
清敌炎威退，凉生酒量宽。
东门无此种，雪片簇冰盘。

《西瓜吟》

宋 文天祥

拔出金佩刀，斫破苍玉瓶。
千点红樱桃，一团黄水晶。
下咽顿除烟火气，入齿便作冰雪声。
长安清富说邵平，争如汉朝作公卿。

小呆的科学笔记

1. 植物生长五大要素

植物生长的五大要素为：阳光、空气、水分、温度和土壤（养料）。

2. 授粉的方式

授粉分为自花授粉和异花授粉。

自花授粉也叫自交，是指同一朵花中，雄蕊的花粉落到雌蕊的柱头上，即可完成授粉。异花授粉是指在雄蕊和雌蕊没有生长在同一朵花中的情况下，需要借助风、昆虫或人的帮助，将雄花花粉转移到雌花。

3. 雌蕊的功能

雌蕊是与西瓜果实的生长成熟关系最密切的部分。

雌蕊是由柱头、花柱和子房组成的。柱头负责接收来自雄蕊的花粉；花柱呈细长管状，起到连接柱头和子房的作用；子房中含有胚珠，胚珠在接收到花粉后受精，发育成西瓜的种子；子房之后会发育成果实。

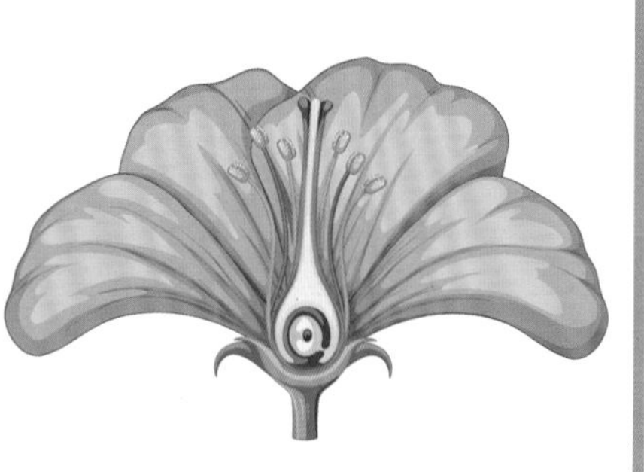

雌蕊示意图

4. 单糖、双糖和多糖

单糖是由单个糖分子组成的。果糖和葡萄糖是单糖。

双糖是由两个单糖组成的。蔗糖是双糖，由单糖——葡萄糖和果糖组成。

多糖是由多个糖分子组成的复杂碳水化合物。包括植物多糖，主要有纤维素和淀粉；还包括动物多糖，主要为肝糖原和肌糖原。

5. 声音

声音是由物体振动产生的声波。声音是以波的形式振动传播的。声音有三个重要的特性：响度、音色和音调。其中，音调受振动频率的影响，振动频率越高，音调越高；振动频率越低，音调越低。

6. 味蕾的原理

人类的舌头上有一种叫作味蕾的味觉接收器。味蕾能够感受酸、甜、苦、咸等味道。举例来说，当我们吃到味道为“甜”的食物时，味蕾会向大脑发送信息，使我们知道自己吃的东西是甜的。

7. 凝结

凝结是指气体遇冷变成液体的过程。比如，空气中的气态水（水蒸气）遇到温度更低的物体表面时，会凝结成液态水。

第七讲

让人“无奈”的相似相溶原理

——油醋汁

油醋汁的魔法卡片

名称：油醋汁

种类：调料类

颜色：通常为黄褐色至褐色

味道：酸咸可口

烹饪菜谱

特点：酸咸适中，清爽开胃，传统百搭，随取随用

烹饪用料

（用料以文字为准，图片仅作参考）

橄榄油、葡萄籽油、芝麻油均可

食用油

白醋、米醋、苹果醋、葡萄酒醋、香醋均可

醋

盐

现磨黑胡椒粉

准备厨具

玻璃杯

1	用勺子往透明容器中加入1勺醋和3勺食用油。
2	放入适量盐和现磨黑胡椒粉。
3	将透明容器密封好，一定要确保拧紧了盖子。
4	用手使劲摇晃透明容器，使食用油和醋充分混合，油醋汁完成啦！

小呆的提问环节

小呆：米醋和食用油的主要成分是什么呢？

壮博士：

米醋的主要成分是水，也含有乙酸及其他有机化合物。一般来说，乙酸占比在 4% ~ 7%，而水的占比为 93% ~ 96%。而食用油的主要成分基本就是甘油三酯了，所占比例接近于 100%。

小呆：甘油三酯……那是什么？

壮博士：

你知道脂肪吧？甘油三酯是人健康成长所需的一种脂类。我们活动时需要的能量，主要来自碳水化合物（糖类），当碳水化合物供应不足，比如长期饥饿时，甘油三酯就像是我们储存在身体中的能量包，及时释放出来，进入血液循环，为我们的身体提供能量。

而且，含有甘油三酯的身体脂肪可以在内脏器官周围形成一道缓冲层，就像是一层厚厚的肉垫，让心脏、肝脏、肾脏等重要器官免受伤害。你知道为什么胖胖的人一般都比瘦子抗冻吗？

饥饿的小男孩。甘油三酯可以在碳水化合物供应不足时为我们的身体提供能量

小呆：

因为胖子脂肪多！

壮博士：

没错。准确来说，是因为脂肪的导热性低。脂肪多的人身体热量的散失速度要慢一些，这使他们能在寒冷的天气中保持热量。

小呆：

对了，我听说有的人是“易胖体质”，光喝水都会长肉，这是怎么回事？

壮博士：

从科学角度来说，还真有这种人！人的肥肉其实就是很多个含有甘油三酯的脂肪细胞，每个脂肪细胞都很有弹性，可以撑大也可以缩小。有研究表明，体内脂肪细胞多的人往往比脂肪细胞少的人更容易变胖，也就是所谓的“喝水都长肉”。普通人体内的脂肪细胞大约有 250 亿个，而重度肥胖患者体内的脂肪细胞数量要远超这个数字。

一位有“易胖体质”的小男孩

各类蔬菜，谷物及肉类。我们需均衡摄入它们才能拥有健康的身体

所以，甘油三酯虽然十分重要，但摄入过多也会对身体健康产生不利的影响，比如使人变成个大胖子。所以，我们要均衡摄入水果、蔬菜、谷物、瘦肉等，这样身体才能健康。

小呆：

我记得油和水是不相溶的，那为什么主要成分是水的米醋却能和食用油相溶呢？

壮博士：

根据相似相溶原理，分子结构相似的物质容易相溶，而且结构越相似溶解程度越高；相反，分子结构不相似的物质则不易互溶，而且结构差异越大，溶解程度越低。油和水的分子结构差异很大，因此，油和水是不易相溶的，这一点你说得没错。

不过，米醋和食用油并不能叫“相溶”，它们只是在充分搅拌下“混合”到了一起。油滴是以一种相对均匀的状态分散在米醋当中，但油是油，醋是醋。

小呆：还有一个问题，为什么食用油的瓶子上写着“需密封，置于阴凉处保存，远离光和热”？

壮博士：

因为食用油中富含一种叫作甘油三酯的物质，也就是我们常说的脂肪。甘油三酯中的不饱和脂肪酸非常容易发生氧化。

小呆：

氧化是什么意思？

壮博士：

氧化是物质与氧气接触时发生的化学反应。当食用油与空气接触时，空气中的氧气会与食用油中的不饱和脂肪酸发生氧化反应，不仅会破坏食用油中的营养成分，还可能使食用油散发出一股难闻的异味。所以，每次用完食用油之后，我们都要把瓶盖拧紧，让它保持密封的状态。

小呆：

那为什么还要放在阴凉的地方呢？

壮博士：

因为高温和紫外线都会加速氧化反应。如果我们把食用油长时间放在阳光下，阳光中的紫外线就会加速油的氧化。而且，太阳下的温度一般更高，高温也会使食用油加速氧化，发生变质。

图为厨房的橱柜。我们可以将食用油置于阴凉处的橱柜中

小呆的实验时间

小呆在制作油醋汁的过程中发现，食用油和米醋起初的确混合在了一块，但放置了一段时间之后，食用油竟然和米醋分离了，油漂浮在了米醋的上层。

这个现象让小呆很无奈，他决定探索出解决这个问题的办法。

1. 查找资料

小呆把魔法书平摊开，放在桌子上，嘴里念念有词："科学科学，给我指引！"魔法书里立刻浮现出这样一段话："由于水油不相溶，因此米醋和食用油混合后得到的油醋汁是不稳定的，随着时间的推移，油和米醋最终会分离。不过，我们可以通过增加一些乳化剂来增强油醋汁的稳定性。蜂蜜就是一种不错的乳化剂，同时还可以用来中和油醋汁的酸味。"

蜂蜜可以用来增强油醋汁的稳定性

2. 制订计划

提出假设：添加蜂蜜可以增强油醋汁的稳定性，延长油和醋分离的时间。

设计实验：按照上文的油醋汁制作过程，在透明容器中分两次调制好油醋汁。第一次不在油醋汁中加入蜂蜜，而第二次则加入蜂蜜。观察和对比油与醋的分离情况。

注：为了便于观察分离情况，建议选择色差较大的油和醋。本次实验采用的是褐色的麻油和浅黄色的米醋。

【实验步骤】

（1）用勺子向透明容器中加入 1 勺米醋和 3 勺麻油，用筷子使劲搅拌，使麻油和米醋充分混合。

用筷子搅拌米醋和麻油

静置状态的油醋汁

（2）将透明容器放在一旁静置，同时开始计时，观察麻油和米醋的分离情况，并记录下麻油和米醋分离所用的时间。

（3）待麻油和米醋分离后，将透明容器用自来水和洗洁精清洗干净。

（4）用勺子向透明容器中加入 1 勺米醋和 3 勺麻油，用筷子使劲搅拌（尽量用与第一步中相同的力度），使麻油和米醋充分混合。

（5）在透明容器中加入 1 勺蜂蜜，再次用筷子搅拌，使蜂蜜和油醋汁充分混合。

用筷子搅拌麻油、米醋和蜂蜜

（6）将透明容器放在一旁静置，同时开始计时，观察麻油和米醋的分离情况，并记录下麻油和米醋分离所用的时间。

静置状态的油醋汁

【实验设备】

透明容器1个（如玻璃杯）；用于搅拌的筷子1根；浅黄色的米醋；褐色的麻油；黄色的蜂蜜；计时器（也可用有计时功能的手机）

【数据收集方法】

肉眼观察。

3. 采取行动

按照实验步骤开展实验，并通过肉眼观察的方式对透明容器中麻油和米醋的分离情况进行评价。

（1）不加蜂蜜的情况：

麻油和米醋分离的速度较快。约4分30秒时，麻油和米醋开始分离，麻油逐渐上浮。

褐色的麻油开始上浮

约 9 分钟时，麻油几乎完全浮到了米醋的上方。

麻油几乎完全浮到了米醋上方

（2）加入蜂蜜的情况：

透明容器中，麻油和米醋的分离速度相对慢一些。约在 8 分 30 秒时，麻油逐渐上浮到米醋上方。

分离中的麻油和米醋

约 16 分钟时，麻油几乎完全浮到了米醋上方。

几乎完全分离的麻油和米醋

实验分析：从观察结果来看，添加过蜂蜜的油醋汁明显比未添加蜂蜜的油醋汁稳定性更好，油醋分离速度慢得多。

注：本次实验的时长仅作参考。具体实验时间会因每个人的搅拌力度和次数的不同而产生差异。

4. 反思

分析和思考：

水与油并不相溶，因此不论是否加入蜂蜜，麻油和米醋形成的油醋汁总会在一段时间后出现油醋分离现象。不过，蜂蜜可以有效地增强油醋汁的稳定性，将油和醋的分离推迟一段时间。因此，向油醋汁中添加蜂蜜的确可以增强油醋汁的稳定性。

实验不足：

（1）搅拌油醋汁时的力度也是影响油醋汁稳定性的因素之一，但我们无法保证搅拌的力度完全一致，这会导致实验结果不够准确。

（2）尽管加入蜂蜜可以增强油醋汁的稳定性，但也仅是将分离时间推迟了不足 10 分钟，效果并不显著。

实验拓展方向：

（1）资料显示，温度是影响油醋汁稳定性的因素之一。可以将米醋或油先加热到一定温度，再混合成油醋汁，并与未经加热制成的油醋汁的稳定性进行对比。

（2）资料显示，芥末酱和蛋黄也是效果卓越的乳化剂。可以采用等量的芥末酱、蛋黄和蜂蜜进行实验，探究哪种乳化剂对油醋汁稳定的促进效果最明显。最后，综合考虑味道、口感等因素，选择一种来制作油醋汁。

蛋黄是促进油醋稳定的乳化剂

芥末酱也是一种效果卓越的乳化剂

小贴士

世界各国的油醋汁

油醋汁是一种风靡全球的调料，而各国的油醋汁味道和风格都略有不同。其中，法式、意式和泰式油醋汁最为出名。

小清新的法式油醋汁：

制作法式油醋汁时，会将醋替换为柠檬汁，用香草碎（如百里香、罗勒、迷迭香、薄荷）取代蜂蜜，清新感十足。法式油醋汁常常用来搭配冷食拼盘或腌鱼。

图为柠檬。法式油醋汁的制作过程中，常采用柠檬汁来代替醋

图为蔬菜沙拉。蔬菜沙拉是意式油醋汁的经典搭配

传统百搭的意式油醋汁：

实验中用到的油醋汁的制作方法就是参考了最传统百搭的意式油醋汁。橄榄油、黑醋、蜂蜜、黑胡椒、盐与芥末等都是意式油醋汁的基础原料。意式油醋汁最经典的搭配就是蔬菜沙拉了。

独树一帜的泰式油醋汁：

泰式油醋汁很特别，口味是酸辣的！其中，酸味来自青柠汁，辣味则来自小米椒。泰式油醋汁通常是海鲜、沙拉的“好伙伴”，提鲜又开胃。此外，它还可以用来蘸食热带水果。是不是很有泰国特色？

图为小米椒。小米椒为泰式油醋汁提供了辣味

小呆的科学笔记

1. 甘油三酯

甘油三酯是人健康成长所需的一种脂类，有很多重要的作用。比如，它可以为人体提供能量；含有甘油三酯的脂肪可以保护我们重要的内脏器官免受伤害，还能够减缓热量的散失。

2. 相似相溶原理

相似相溶原理是指分子结构相似的物质容易相溶，且结构越相似溶解程度越高；分子结构不相似者则不易互溶，且结构差异越大溶解程度越低。

3. 氧化

氧化是物质与氧气接触时发生的化学反应。高温和紫外线都会加速氧化过程。

第八讲

迥然不同的“双胞胎”——食盐&白砂糖

食盐和白砂糖的魔法卡片

名称：食盐

种类：调料类

颜色：白色

口味：咸咸的

摄入量：建议每天摄入 3 ~ 5 克食盐

好处：促进消化、协助新陈代谢、维护人体渗透压、调节人体的酸碱平衡等

坏处：食用过多盐会导致高血压等疾病

名称：白砂糖

种类：调料类

颜色：白色

口味：甜甜的

摄入量：每日摄入量不应超过 50 克

好处：为身体补充能量、缓解紧张情绪、缓解低血糖症状等

坏处：食用过多糖会导致蛀牙、营养不良和贫血等

小呆的提问环节

小呆：为什么吃糖果能让我感到快乐？

壮博士：

从科学的角度来说，我们在吃糖果的时候，糖果中含有的糖会促使大脑释放一些使我们感到快乐的神经递质——多巴胺、血清素和内啡肽。这些神经递质会让我们在一瞬间感到无比快乐和幸福。

不过，这种由糖果带来的快乐只是短暂的。均衡膳食、规律锻炼和良好的生活习惯才会让我们的身心始终保持健康的状态。

各式各样的糖果。食用糖果可以使人感到快乐

小呆：下过雪的早晨，道路上会结冰，很容易造成交通事故。据说只要撒上盐就能除冰，这是真的吗？

壮博士：

这是真的！为了消除交通安全隐患，我们只需要提前在结冰的道路上撒盐，就可以使冰迅速融化成水。

结冰的城市道路

小呆:

这是什么原理呢?

壮博士:

纯净水结冰的过程是在 0 °C时完成的,也就是说,水的冰点是 0 °C。然而,当我们在冰上撒了盐时,盐会在冰的表面形成盐水溶液,这种盐水溶液的冰点要低于水溶液。这就意味着,盐水溶液必须达到比 0 °C更低的温度才能冻结成冰。

一辆正在撒盐的除雪车。
撒过盐的道路更不易结冰

小呆:

所以,撒了盐的道路要比没撒盐的道路更不容易结冰。

壮博士:

没错!不过,为了更好地保护环境,人们正在研制可快速融雪且无污染的新型融雪剂。

小呆:盐和糖都是白色粉末状,看起来好像一对双胞胎!它们的成分相同吗?

壮博士:

别看它们长得像,可成分却大不相同。食盐的主要化学成分是氯化钠——化学式是 NaCl,是一种白色的结晶粉末。

而咱们烹饪用的白砂糖的主要化学成分是蔗糖——化学式是 $C_{12}H_{22}O_{11}$,由 12 个碳 (C) 原子、22 个氢 (H) 原子和 11 个氧 (O) 原子组成。蔗糖是一种碳水化合物,由葡萄糖和果糖组合而成。

小呆的实验时间

这天，小呆往自己的咖啡里加了一些白砂糖，喝了一口，又吐了出来，“呸呸，又搞错了！这是盐，不是糖！”

“盐和糖长得也太像了吧！”小呆郁闷地思考着，“除了亲自尝一尝，还有什么办法可以快速区分它们呢？”

如何在不品尝的情况下，把食盐和白砂糖区分开来呢？小呆决定探索一下！

1. 查找资料

小呆把魔法书平摊开，放在桌子上，嘴里念念有词：“科学科学，给我指引！我想知道食盐和白砂糖有哪些不同？”魔法书里立刻浮现出一大段资料——

【食盐】

气　味：无味

形　状：颗粒状，较为规则的晶体状（需借助放大镜）

密　度：约 2.16 克 / 方米厘米

熔　点：801 °C

溶解度：在 25 °C下，盐在水中的溶解度约为 36 克 /100 克，溶解度随温度变化不大

pH 值：约为 7，中性

【白砂糖】

气　味：无味

形　状： 颗粒状，形状不规则的晶体状（需借助放大镜）

密　度： 1.59 克 / 方米厘米

熔　点： 186 °C

溶解度： 在 25 °C下，在水中的溶解度为 210 克 /100 克，且溶解度随温度升高而升高，随温度下降而下降

pH 值： 约为 7，中性

壮博士提示

溶解度是指在某一特定温度下，100 克溶剂中最多能溶解的某物质的质量（g）。在 25℃的环境下，氯化钠在水中的溶解度约为 36 克 /100 克，表明 100 克水最多溶解约 36 克氯化钠。如果 100 克水中含有 36 克氯化钠，则此时的氯化钠水溶液为饱和溶液。

小呆仔细对比了这些资料，总结出氯化钠和蔗糖主要有以下几点区别：

（1）氯化钠的晶体形状比蔗糖更规则；

（2）氯化钠的密度比蔗糖高；

（3）氯化钠的熔点比蔗糖高；

（4）氯化钠的溶解度比蔗糖低。

小呆认为，基于第四点，可以用一个简单的小实验来区分盐和糖！

2. 制订计划

提出假设： 分别往水中分批放入食盐和白砂糖，食盐会比白砂糖先达到饱和状态。

设计实验： 分别在两个装有清水的玻璃杯中分批放入等量的白砂糖和食盐，直到有一个玻璃杯中达到饱和，那么这个玻璃杯中所放的为食盐，还能继续溶解的即为白砂糖。

【实验步骤】

（1）准备两个相同大小的透明玻璃杯。

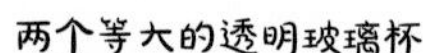
两个等大的透明玻璃杯

装有等量清水的两个玻璃杯

（2）在两个玻璃杯中分别倒入等量的 25 °C（约等于室温）的清水（可以把杯子平放在桌面上，观察水面高度是否一致）。

注意：倒入小半杯水即可，这样可使食盐尽快达到饱和状态。

（3）用勺子取1整勺白砂糖（如家里有食品秤，则称出5克白砂糖），全部倒入第一个玻璃杯中，用筷子充分搅拌。

用筷子搅拌糖水溶液

（4）用勺子取1整勺食盐（如家里有食品秤，则称出5克食盐），全部倒入第二个玻璃杯中，用筷子充分搅拌。

用筷子搅拌食盐溶液

（5）如第3步和第4步中的盐或糖未能充分溶解，则实验结束；如盐和糖均充分溶解，则重复进行第3步和第4步，直到其中一个玻璃杯中出现始终无法继续溶解的颗粒。

【实验设备】

等大的透明玻璃杯2个；勺子1个；用于搅拌的筷子1根；颗粒大小一致的食盐和白砂糖（颗粒大小越接近越好）；可用于食品称重的秤（如有）。

【数据收集方法】

肉眼观察。

3. 采取行动

按照实验步骤展开实验，并通过肉眼观察的方式对白砂糖和食盐的溶解情况进行评价。

（1）倒入1勺白砂糖后，经过搅拌，白砂糖在水中充分溶解，形成了清澈透明的白砂糖溶液。

完全溶解的糖水溶液

（2）倒入1勺食盐后，经过搅拌，食盐无法在水中充分溶解，盐水溶液中含有较多未溶解的颗粒，较为浑浊。

未能完全溶解的盐水溶液

实验分析：

从观察结果来看，食盐水溶液的确比白砂糖水溶液更早达到饱和状态。

4. 反思

分析和思考：

食盐在水中的溶解度约为36克/100克，低于白砂糖在水中的溶解度210克/100克。因此，食盐水溶液先达到了饱和，而白砂糖水溶液尚未饱和，还可以继续溶解。

因此，我们可以通过溶解度的不同来分辨白砂糖和食盐。

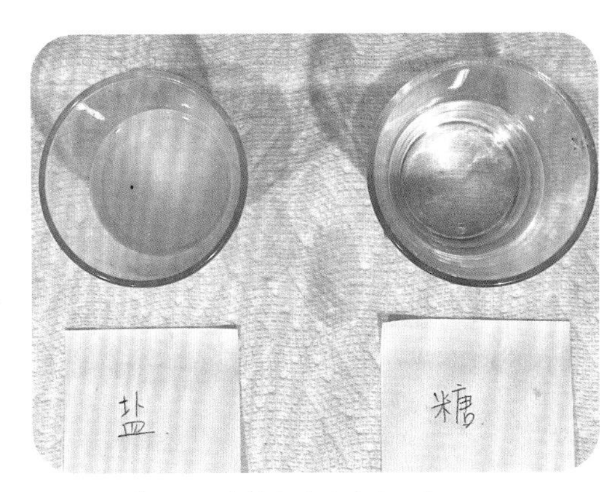

盐水溶液和糖水溶液的对比图

实验不足：

在实验中，我们无法保证所取的每勺食盐和白砂糖质量完全一致，除非借助食品秤来进行称重。因为质量 = 密度 × 体积，我们只能保证每勺食盐和每勺白砂糖的体积一样，而食盐和白砂糖的密度却存在着差异。

实验拓展方向：

可以进一步探究其他区分食盐和白砂糖的方法。

例如，基于蔗糖的熔点远低于氯化钠熔点这一区别设计实验。将橄榄油倒入炒锅，开火加热后，将白砂糖和食盐分别放入炒锅中，观察白砂糖和食盐发生的变化。

注：熔点是指在大气压下晶体物质开始熔化为液体时的温度。白砂糖的熔点低于食盐，所以锅中的白砂糖会比食盐先融化。由于家庭厨房无法达到食盐的熔点（801°C），所以白砂糖融化后即可关火，以免因温度过高导致意外烫伤。

注意：以上熔点实验存在危险，需在家长陪同下进行！

小贴士

古代的盐是奢侈品？

现代社会中，盐是烹饪必备的调料，用便宜的价钱就能买到。但在古代，盐却是十分昂贵的商品。

在我国古代，虽然盐产量并不少，但产地很少，大部分集中在沿海地区。将盐从这些原产地运往全国各地需要高昂的运费，这些运输成本自然也就抬高了盐价。

更重要的原因是，食盐对于人体来说是必需品，因此人们对盐的需求量很大。在战争年代，盐更是一种宝贵的战略物资。在我国古代，盐业是由封建王朝严格控制的垄断行业，由政府统一定价。而且，政府为了增加财政收入，会向盐商征收高昂的盐税，盐商再将税钱转化到盐价上，致使盐价居高不下。南宋时期，盐税曾一度占到政府总税收的 80%，可见盐真是统治阶级向普通老百姓“薅羊毛”的绝佳办法啊！

食盐

1. 溶解度

溶解度是指在某一特定温度下，100 克溶剂中最多能溶解的某物质的质量。

2. 饱和溶液

在一定温度下，在一定量的溶剂里加入某种溶质，当溶质不能继续再溶解时，所得到的溶液叫作饱和溶液。

3. 熔点

熔点是指在大气压下晶体物质开始熔化为液体时的温度。

4. 冰点

冰点是指水的凝固点，即水由液态变为固态的温度。在标准大气压下，纯水的冰点为 0 °C。

第九讲

会膨胀的发酵过程

——蒸包子

蒸包子：
热气腾腾的美味主食，一口一个太过瘾！

名称：蒸包子

种类：主食类

来源：中国

烹饪菜谱

特点：薄皮大馅，醇香饱满，肉汁四溢，鲜美可口

烹饪用料

（用料以文字为准，图片仅作参考）

葱 3 根

姜 1 块

猪肉馅 300~350 克

生抽 10~20 克

老抽 7~10 克

盐 2~5 克

花生油 15~25 克

白砂糖 3~5 克

玉米淀粉 2 克

胡椒粉 1 克

制备面团材料

中筋面粉 250 克

温水 120 克

花生油 5~10 克

白砂糖 3~5 克

酵母粉 2~3 克

准备厨具

筷子

案板

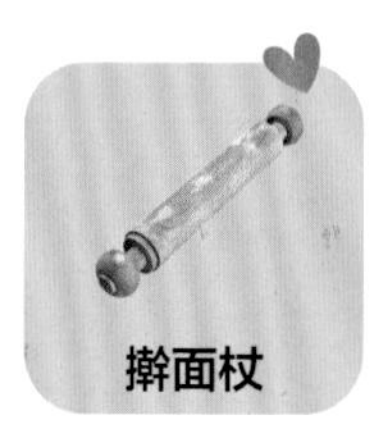
擀面杖

菜刀

蒸锅

注：这里是按照 10 个包子的量准备的噢。

烹饪过程

1	把碎猪肉馅放进小碗里，加入盐、葱末、姜末、生抽、老抽、玉米淀粉和白砂糖。
2	把炒锅烧热，倒入花生油，等油热后，倒入步骤 1 的小碗里，然后用筷子把所有调料和碎猪肉馅搅拌均匀。 注意：这一步要用力顺时针搅拌。
3	再拿一个小碗，加入酵母粉和白砂糖，分批次倒入部分温水，用筷子搅拌均匀。
4	往揉面盆里倒入 250 克中筋面粉，把步骤 3 搅拌好的液体倒入装有面粉的盆里。
5	用手把面粉用力揉成面团，再加入花生油，继续用力揉，让面团充分吸收花生油，表面逐渐变光滑。
6	在步骤 5 中的盆上盖上保鲜膜或能够完全覆盖住盆的锅盖。
7	等待面团发酵到原先的 2 倍大时，用力揉面团，揉 8 分钟左右。
8	揉完面后，把面团逐渐搓成长条状。用菜刀把长条状的面切成 10 个大小相对一致的小面团，用保鲜膜分别把 10 个小面团覆盖住。
9	用手掌把各个面团压扁成片状。

10	用擀面杖把压扁后的面团分别擀成中间厚、四周薄的面皮。 注意：不要擀得太薄。
11	把步骤 2 中做好的肉馅拿过来，用筷子夹出少部分肉馅，放在其中一张面皮的正中间，四周要留出空间。
12	把四周的面皮向中间合拢，让它们牢牢地粘在一起。不会捏褶子也没关系，只要保证捏拢，不露出肉馅就行。
13	静静等待包子二次发酵。到包子变成之前的 1.5~2 倍大时，即二次发酵完成。
14	在蒸锅里倒入 300 毫升温水（水温 35~40 °C），然后把包子依次小心地放进蒸锅里，上下两层可以分别放五个。最好在每个包子下面铺一张小油纸。如果没有小油纸，可在包子底下刷一层食用油，防止包子粘在锅里取不下来。
15	打开大火，蒸 20 分钟后关火（实践的时候判断下，需要更长时间吗？），再盖着锅盖焖 5 分钟左右，就可以出锅啦！

是不是感觉很难？没关系！

对于初学做饭的小朋友们，魔法书里还提供了一个简化版攻略——需要提前在超市里买好速冻包子噢！

简化版烹饪过程：

①在蒸锅里倒入 300 毫升温水（水温 35~40 °C，水量可根据锅的大小调整）。

② 取出 10 个速冻包子，依次小心地放进蒸锅里，上下两层可以分别放 5 个。最好在每个包子下面铺一张小油纸，如果没有小油纸可以在包子底下刷一层食用油，防止包子粘在锅里取不下来。

打开大火，蒸 20 分钟后关火（实践的时候判断下，需要更长时间吗？），再焖 5 分钟。开吃啦！

小呆的提问环节

小呆：做面团的材料里面，中筋面粉是什么面粉？

壮博士：

中筋面粉里的“筋”是“筋道”的意思，你知道什么是筋道吗？

小呆：

没听说过，筋道是什么意思呀？

壮博士：

筋道一般用来形容面食有一定的弹性和坚韧度。筋道的食物很有嚼劲，不筋道的食物就是入口即化，基本不用嚼的那种。蛋白质的含量直接决定了面粉是否筋道。所以，根据面粉中蛋白质含量的高低，可以把面粉分为低筋、中筋和高筋面粉。

面粉一般可分为低筋、中筋和高筋面粉

壮博士：

蛋白质含量低于 8.5% 的叫作低筋面粉，蛋白质含量在 9.5%~12.0% 的叫作中筋面粉；蛋白质含量在 12.5%~13.5% 的叫作高筋面粉；还有一种特高筋面粉，蛋白质含量达到 13.5% 之上。所以，我们做包子用的面粉里含有百分之多少的蛋白质呀？

小呆：

蛋白质含量是 9.5%~12.0%。不过，为什么包子不能用低筋面粉或者高筋面粉来做呢？

壮博士：

因为包子的皮需要牢牢地包裹住里面的肉馅，如果表皮过于柔软，就很容易在蒸的过程中破裂开，到时候咱们做出来就是一锅面片和肉丸了。低筋面粉适合做口感松软的面包，咬上一口，软软绵绵。

口感松软的面包一般是用低筋面粉做的

而高筋面粉更适合做面条，我们最常用筋道来形容的就是面条，像老北京炸酱面、山西的刀削面等。

老北京炸酱面的面一般是用高筋面粉做的

小呆：厚厚的面团竟然可以变成薄薄的包子皮，太神奇了！难道那个叫擀面杖的东西是根魔杖吗？

壮博士：

哈哈，擀面杖不是魔杖，但它是我们的好帮手！

擀面杖可以把大大的面团变成薄薄的皮

壮博士：

我们刚才说了，面粉中含有的蛋白质是面食筋道的原因。使劲揉面是为了让面粉中的蛋白质聚集到一起，形成一种叫作“面筋网络”的网状结构。“面筋网络”在化学领域的名称叫作有机物分子链。这种有机物分子链有着较强的延展性。

小呆：

什么叫作延展性？

壮博士：

你见过座机的电话线吗？现在我们把有机物分子链想象成一根电话线，当我用两只手分别抓住电话线的两头向两个方向拉时，电话线是不是会被拉长？有机物分子链也是一样，在外力作用下很容易发生延展。所以，当我们用手揉面团或是用擀面杖擀面团时，有机物分子链都会被“拉长”，面团也就随之变形啦！

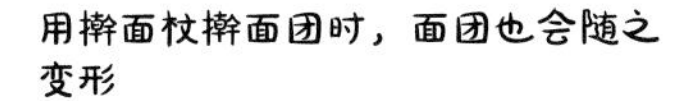

用擀面杖擀面团时，面团也会随之变形

小呆：魔法书里说的发酵是什么意思？为什么发酵后面团会膨胀起来？

壮博士：

你问到了一个非常重要的问题！发酵是相当重要的一步，直接影响蒸包子能否成功。

其实，发酵是一个比较复杂的过程，大概可以分为两步。

第一步：淀粉分解。淀粉中含有的淀粉酶，可在适当温度下将面粉中的淀粉水解为麦芽糖，麦芽糖再水解为葡萄糖。水解的意思是指利用水将物质分解形成新的物质的过程。

第二步：产生二氧化碳气体。酵母首先在氧气的参与下进行有氧呼吸，将葡萄糖分解为二氧化碳和水，同时利用糖类分解时产生的热能进行繁殖。在酵母呼吸作用的过程中，分解产生的二氧化碳逐渐增加，而氧气则在减少。在这种缺氧条件下，酵母就会转而进行无氧呼吸，也就是发酵，产生酒精和二氧化碳。

小呆：

等等，我有一个问题。刚才你说酵母发酵产生了酒精，可是我并没有闻到酒味儿啊。

壮博士：

因为无氧呼吸作用中产生的酒精非常少，而且基本都在空气中挥发了。现在，我来给比较难理解的第二步做个总结。当氧气充足的时候，酵母进行有氧呼吸。氧气不足的时候，酵母进行无氧呼吸。无论是哪一种，都会产生二氧化碳气体。这些二氧化碳气体会像给面团打气一样，使其膨胀起来。而且，面团上会出现许多肉眼可见的小气孔，就像是窗户纸被风吹出一个个破洞一样。如果你仔细观察下包子的表面，是可以看到这些小气孔的。

小呆：

真的有欸，而且还不少呢！

小呆：包子在蒸锅（或蒸笼）里被垫得高高的，跟火隔得那么远，为什么过一段时间就能熟？

壮博士：

首先来回答你的第一个问题，蒸包子的过程是非常经典的热传递现象。热传递有三种方式：热传导、热对流和热辐射。我们蒸包子主要用到了其中两种——热传导和热对流。

图为锅中的包子。一般来说，包子会与火相隔一段距离，而不是直接接触

热传导是在物体与热源直接接触的情况下，热量从物体温度较高部位传到温度较低部位的方式。我们开火蒸包子的时候，蒸锅底部直接接触了火，因此锅底最先被加热，温度也最高，随后通过热传导作用，热能逐步传递到温度低的部分，整个锅体以及锅里盛的水（水与锅直接接触）的温度都会随之上升。锅的上沿和水都没有直接接触火，却也被加热了，这就是热传导发挥的作用。

而热对流是靠液体或气体的流动，使热量从温度高的部分传至温度低的部分的过程。我们刚才说了，蒸包子的时候，锅里的水由于热传导作用被加热。水达到沸点时，形成大量热腾腾的水蒸气，正是这些水蒸气发挥了关键的热对流作用，把大量热量传递给蒸屉里温度低的包子，对其进行充分加热。

小呆：

好神奇的水蒸气！

壮博士：

包子的肉馅和面皮里都含有丰富的蛋白质，这些蛋白质会在高温下受热凝固。是不是很耳熟？没错，还是我们熟悉的蛋白质变性反应！完成蛋白质变性反应之后，包子就算蒸熟啦！

小呆的实验时间

在等待面团发酵的时候，小呆产生了很多疑问：如果不在面团变成两倍大时开始揉面，而是让它持续发酵，面团会不会变得越来越大？会不会大到厨房里都放不下？这种膨胀会停止吗？膨胀之后还会收缩吗？小呆决定探索一下！

1. 查找资料

小呆把魔法书平摊开，放在桌子上，嘴里念念有词：“科学科学，给我指引！”魔法书里立刻浮现出这样一段话：“发酵时间过长，会导致面团出现如下变化：体积膨胀至原先的数倍，随后表面硬化、塌陷、体积萎缩，并散发出极为浓郁的酸味等。这些都是过度发酵的表现。面团表面出现塌陷是因为内部的面筋网络持续膨胀，在达到拉伸极限后发生了断裂，失去了支撑力而塌陷。

“在发酵过程中，还会产生浓郁的酸味。这是因为酵母无氧呼吸会产生酒精和二氧化碳，而过度发酵使得大量的酒精出现，进而产生过于浓郁的酸味，导致面团变味，影响口感。”

2. 制订计划

提出假设：随着发酵时长的增加，面团会发生膨胀。在发酵到达一定时间后，面团会出现表面塌陷和体积萎缩现象，并且会产生酸味。

设计实验：每隔一段时间对发酵中的面团进行观察，主要观察面团的体积和气味变化。

【实验步骤】

（1）准备实验用的面团（达到待发酵状态）：在小碗里加入酵母粉和白砂糖，分批次倒入部分温水，用筷子搅拌均匀。往大碗里装入 50 克中筋面粉，再将之前搅拌好的液体倒入装有面粉的大碗里。

（2）用手把面粉用力揉成面团，再加入花生油，继续用力揉，让面团充分吸收花生油，表面逐渐变光滑。

注：这个步骤需要比较大的力气去完成，可以寻求家长的帮助噢！

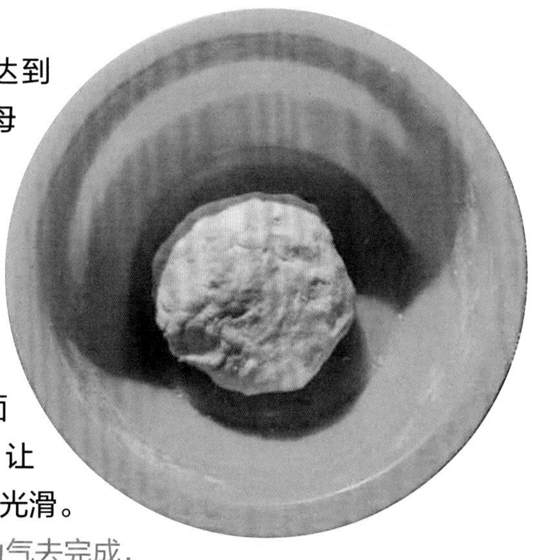

已被揉成面团状的面粉

（3）在大碗上盖上保鲜膜，或是能够完全覆盖住碗的锅盖。

（4）开始计时，每过 10 分钟观察一次面团的发酵情况，主要观察面团的体积及其他可能出现的变化，并记录下来。

注：本次实验时，室内温度约为 20 °C。

【实验设备】

计时器（如有计时功能的手机）；保鲜膜；中筋面粉 50 克；温水 20 克（如果是夏天，用常温水即可；其他季节用 35 °C左右的水）；花生油 1 克；白砂糖 1 克；酵母粉 0.5 克。

【数据收集方法】

肉眼观察，用嗅觉分辨气味。

3. 采取行动

按照实验步骤展开实验，并通过两种方式对面团发酵情况进行评价。

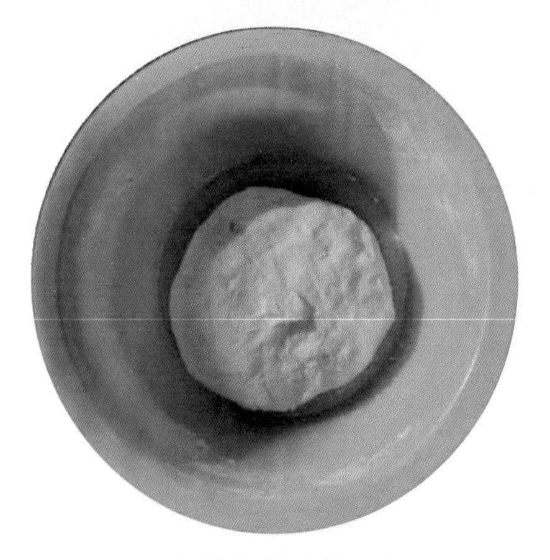

40 分钟时面团的大小

10 分钟：面团体积和气味无明显变化。

20 分钟：面团体积和气味无明显变化。

30 分钟：面团体积变大，约为初始体积的 1.2 倍； 气味无明显变化。

40 分钟：面团体积变大，约为初始体积的 1.5 倍；能闻到淡淡的酸味。

50 分钟：面团体积继续变大，约为初始体积的 2 倍；酸味加重。

60 分钟：面团体积继续变大，约为初始体积的 2.2 倍；酸味加重。

70 分钟：面团体积继续变大，约为初始体积的 2.5 倍；酸味加重。

80 分钟：面团体积继续变大，约为初始体积的 3 倍；酸味很重。

80 分钟时面团的大小（由于之前的小盆放不下，因此换到了一个更大的盆里）

90 分钟：面团体积保持在初始体积的 3 倍；酸味很重。
100 分钟：面团体积保持在初始体积的 3 倍；酸味很重。
110 分钟：面团体积保持在初始体积的 3 倍；酸味很重。
120 分钟：面团表面变硬、塌陷，体积萎缩；酸味很重。
130 分钟：面团表面持续塌陷，体积萎缩；酸味很重。

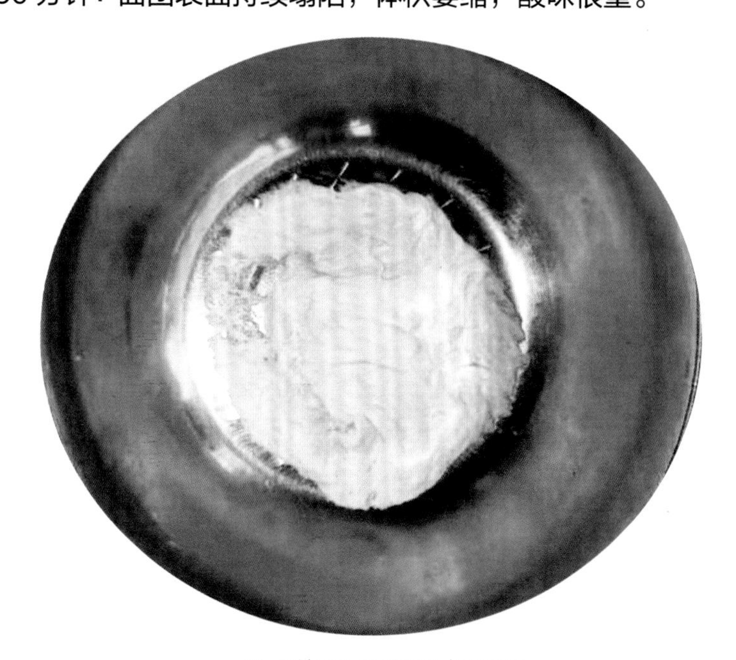

120 分钟时出现塌陷现象的面团

实验分析： 在 80 分钟前，面团的体积随着时间的推移逐渐变大。而且随着体积的增大，面团散发出一股酸味，且酸味随着面团的发酵越来越浓。80 分钟后，面团的体积不再继续增大。从 120 分钟开始，面团出现了新变化——表面塌陷，体积萎缩！

4. 反思

分析和思考：

面团会随着时间的推移持续发酵，体积会发生膨胀。从开始直至 80 分钟，面团的体积在逐渐变大。但 80 分钟后，面团体积不再继续膨胀，且在 120 分钟时，表面变硬、塌陷。这样的现象是过度发酵的结果。

而且，酸味也在发酵过程中越来越浓。这是因为酵母无氧呼吸中产生酒精的量在增加。

实验不足：

（1）实验所需时间久。

（2）过度发酵的面团口感不佳，不建议食用，对食材造成了浪费。

实验拓展方向：

资料显示，室内温度对发酵速度有着重要的影响。本次实验是在室温 20 °C下进行的。之后，我们可以进一步探究不同室温下面团的发酵情况。

小贴士

各种各样的包子

我国幅员辽阔，地域文化多样，各地的包子自然也有不同的做法和风味。

深受小朋友喜爱的可爱猪猪包

下面介绍两种较为出名的包子——狗不理包子和小笼包。

狗不理包子

狗不理包子以皮薄馅大、口味醇香、鲜嫩适口、肥而不腻而闻名遐迩，是“天津三绝”之首。它有着 100 多年的历史，是中华老字号之一。

“狗不理”这个名字很有特色，关于它的由来，有各种各样的说法。其中一种是，狗不理包子于清朝咸丰年间由直隶省武清县下朱庄人高贵友始创。高贵友起初是在别人家的包子铺做学徒，不过他学得很快，短短几年就把做包子这门手艺掌握得炉火纯青。于是，高贵友就自己创办了名为“德聚号”的小吃铺，专门卖他最拿手的包子。因为包子做得好，生意火爆，高贵友忙得顾不上跟顾客说话，又因为他小名叫“狗子”，好多顾客都说他“狗子卖包子，不理人”。“狗不理包子”也就因此得名了。

据说，狗不理包子采用的是“半发面，水打馅”的制作工艺。制作要求非常严格，特别是包子褶花要匀称。

狗不理包子

小笼包

和狗不理包子不同的是，小笼包体积更小、汤汁更多，讲究味道鲜美，看起来也更显精致。

关于小笼包的历史，最早可以追溯到北宋汴京的灌汤包，不过我们现在常见的小笼包则出现于清代同治年间的江苏省常州府一带。后来，小笼包在常州、无锡、苏州、南京、上海、杭州等地得到了发展和演变，每个地方的小笼包做法和口味各有千秋。

就拿常州的小笼包来说，特点是皮薄透明、卤汁丰富、蟹香扑鼻。常州小笼包分随号、对镶、加蟹三种，“随号”就是不加蟹油的；“对镶”就是一笼包子六只加蟹油，另六只不加；“加蟹”就是全部加蟹油的。

另外，小笼包里的汤汁很多，一不小心就被溅了一身。你知道小笼包的正确吃法吗？

我们用筷子夹起一个小笼包，在香醋碟子里浸一下，然后轻轻地在包子底部咬开一个很小的口，小心地从小口里吸掉鲜美的汤汁，然后把开口的小笼包浸到醋里，让醋流进包子，再把整个小笼包吃掉。

小呆的科学笔记

1. 无氧呼吸和有氧呼吸

当氧气充足的时候，微生物（本章指酵母）在氧气的参与下进行有氧呼吸，将葡萄糖分解为二氧化碳和水，释放能量。

氧气不足的时候，微生物（本章指酵母）进行无氧呼吸，也就是发酵，产生酒精和二氧化碳。如果发酵持续时间过长，会导致过度发酵，影响包子的味道和口感。

2. 热传导和热对流

热传导是在物体与热源直接接触的情况下，热量从物体温度较高部位传到温度较低部位的方式。

热对流是靠液体或气体的流动，使热量从温度高的部分传至温度低的部分的过程。

3. 有机物分子链

有机物分子链中的肽键具有比较强的延展性，在外力作用下，容易发生变形。

附录

超厉害的细菌大克星——肥皂

小呆的提问环节

小呆：每次吃饭前都要洗手，好麻烦呀！我的手明明一点儿都不脏，为什么非要洗手呢？

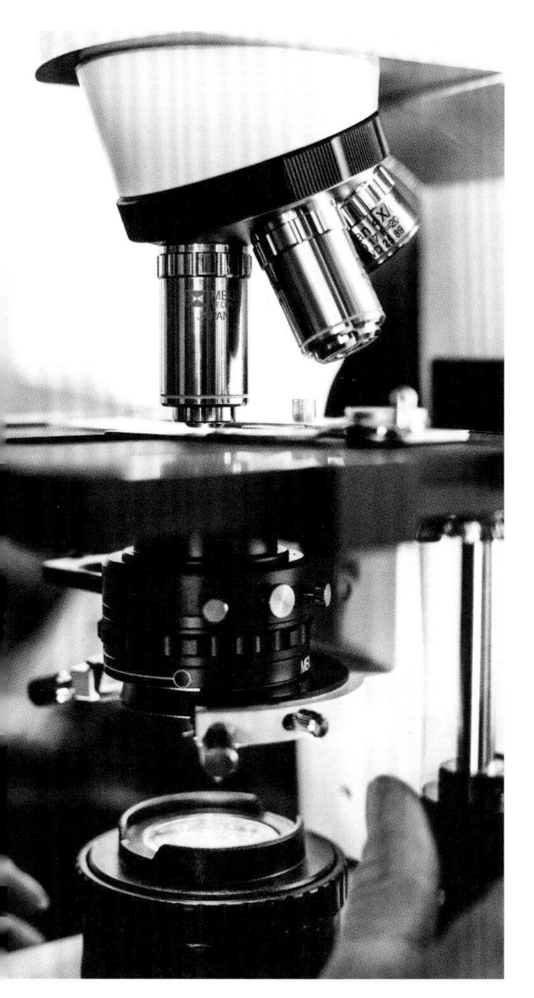

壮博士：

你觉得自己的手不脏，是因为很多脏东西是肉眼看不见的，比如无处不在的细菌。

小呆：

什么是细菌呀？为什么我们看不到它呢？

壮博士：

细菌是一种非常非常微小的生物，它们生活在一个秘密小世界里。只有在显微镜等专业设备的帮助下，把细菌放大很多很多倍之后，我们才能够看到它们。

小呆：

就像我们要用望远镜才能看到夜空中的星星一样？

显微镜可以观察到细菌

壮博士：

是的！细菌是一种单细胞的原核生物。和植物细胞不同，细菌没有细胞核、线粒体和叶绿体等。不过，你可别小看它们哟！细菌虽然个头小，结构简单，但繁殖能力超级无敌强！在适宜的条件下，细菌每20~30分钟就能繁殖出下一代。

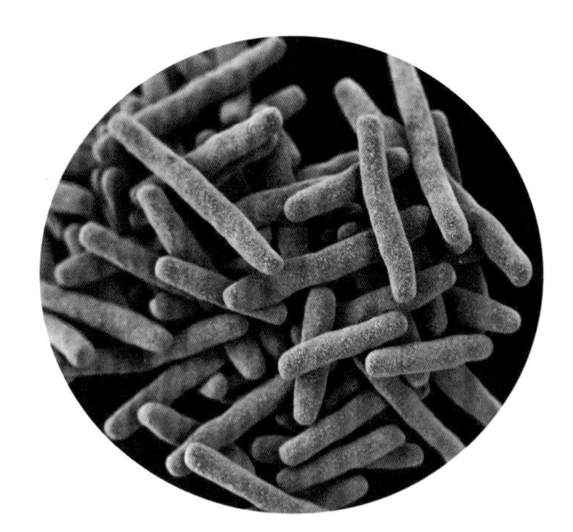

图为结核分枝杆菌，它是庞大的细菌家族中的一员

植物的光合作用——植物利用光能，将水、二氧化碳等无机物转变成有机物的过程

小呆：

速度好快！那细菌也像我们一样，靠吃食物来生存吗？

壮博士：

和人类一样，细菌也需要“食物”才能生存。不过，它们可吃不了咱们最爱的大鱼大肉。你想想，细菌那么小，所以它们吃的肯定也是非常非常小的食物。

小呆：

什么是非常非常小的食物呢？

壮博士：

大多数细菌都采用异养方式获得营养，也就是以现成的有机物为食，比如糖、蛋白质、脂肪等。和异养相对的一种营养方式叫作自养，即利用自身制造的有机物来维持生命。绿色植物就是典型的自养生物，你还记得植物的光合作用是怎么回事吗?

小呆:

当然了！光合作用是指植物利用光能，将水、二氧化碳等无机物转变成有机物的过程。

壮博士:

没错！你看门前的这棵柳树，它没有消化功能，因此不能靠食用其他生物（动物、菌类等）为生，但能依靠神奇的光合作用延续自己的生命。

柳树是自养生物，通过光合作用维持生命

小呆：

那我只用自来水洗手不可以吗？

壮博士：

洗手前，我们手上可能会附着各式各样的脏东西——不仅有肉眼可见的碎屑等，还有我们刚才说到的细菌。如果只用自来水洗手的话，的确可以冲掉那些看得见的碎屑，但是冲不走细菌。

小呆：

为什么细菌这么顽固？

壮博士：

因为细菌表面有一层“防水保护膜”——磷脂双分子层。有了这层膜，水流就只能无奈地从细菌表面流过，完全起不到杀菌的作用。

小呆：

哇！这层“防水保护膜”就像厚实的雨衣一样！

壮博士：

磷脂双分子层确实发挥了雨衣的作用。磷脂分子的结构很有意思，有一个亲水性的头部和两条具有疏水性的尾巴。两排磷脂分子头部朝外，尾部朝内，相对排列，再一层层摞起来形成外部亲水、内部疏水的结构。你看下这张图就懂了。

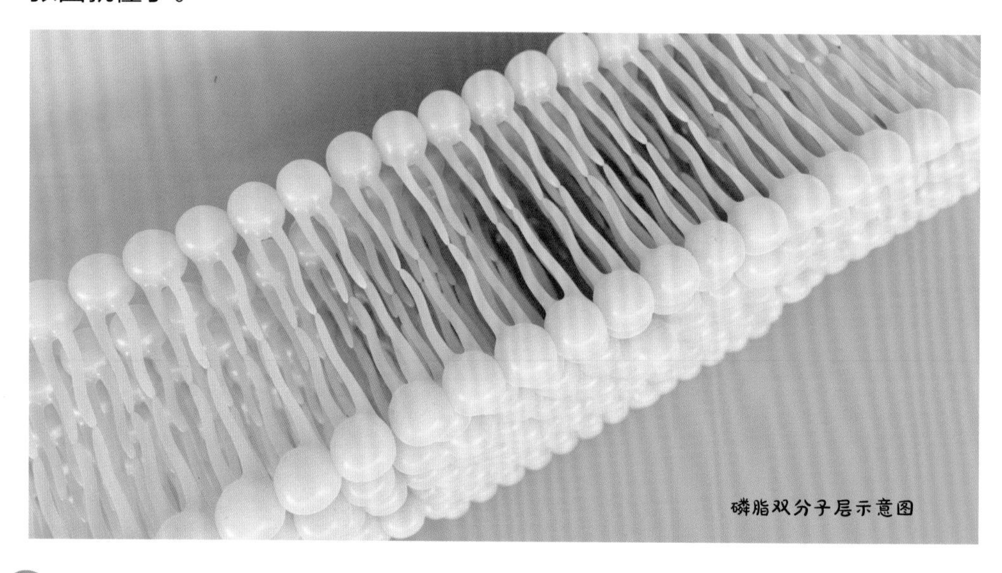

磷脂双分子层示意图

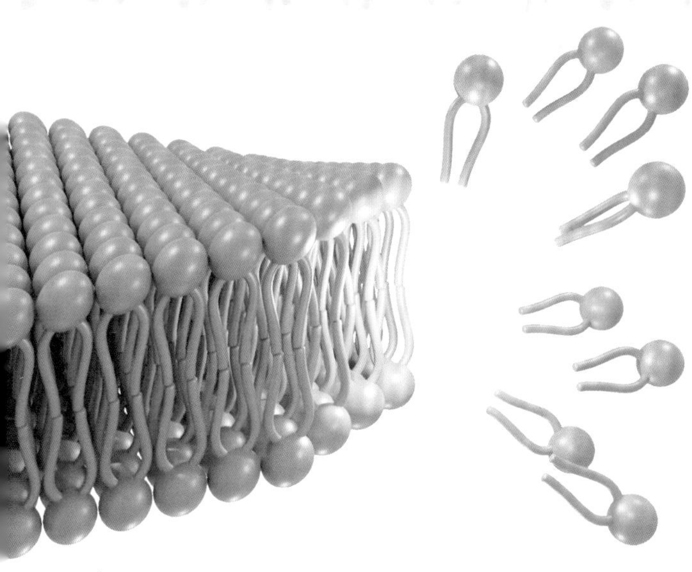
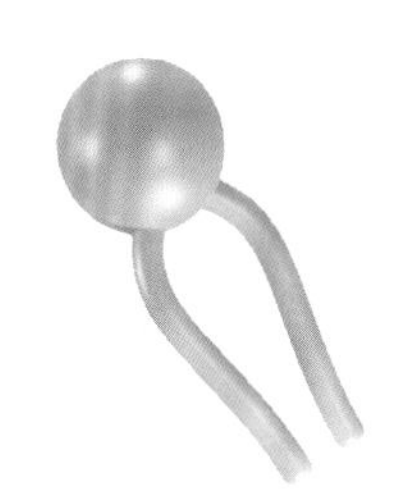

图为肥皂分子的示意图。肥皂分子中，圆圆的“脑袋”为亲水端，细细的“尾巴”是疏水端

小呆：

那肥皂就可以突破磷脂双分子层吗？

壮博士：

没错！肥皂是细菌的大克星！因为肥皂的分子也具有亲水性和疏水性两端。当我们用肥皂洗手的时候，肥皂分子的疏水端会与细菌磷脂双分子层的疏水端结合，同时亲水端与水充分结合，最终随着水流把细菌一起冲走。

小呆：原来如此！那洗手液和肥皂的原理一样吗？

壮博士：

对的，洗手液也是一样的，所以我们用洗手液也可以把手洗得很干净！不过，不论是用肥皂还是用洗手液，我们洗手的时长都不能少于 20 秒。因为肥皂杀菌的过程需要大约 20 秒的时间来完成。另外，细菌有可能藏匿在双手的各个角落里，要确保有足够的时间把细菌清除干净。

正在使用洗手液洗手的人

小呆：洗手可真是个大工程呀！为什么洗完手还得把手擦干？反正过一会儿，手也会自己晾干。

壮博士：

因为细菌最喜欢潮湿的环境啦！如果我们的手湿漉漉的，细菌就更容易滋生和繁殖。洗完手后及时把手擦干，就可以减少细菌的滋生。

擦手用的毛巾

小呆的实验时间

小呆在吃饭的时候，一不小心把油点溅到了白色的T恤上，怎么才能快速去除衣服上的油点呢？ 小呆正要打开水龙头用水冲洗的时候，突然想到，之前壮博士讲过肥皂和洗手液的原理，肥皂和洗手液是不是对去除油渍也有帮助呢？

肥皂

1. 查找资料

小呆把魔法书平摊开，放在桌子上，嘴里念念有词："科学科学，给我指引！"魔法书里立刻浮现出这样一段话："油脂是由油和脂肪组成的。肥皂和洗手液的主要成分均为表面活性剂，也就是硬脂酸钠。其分子结构具有两性，一端为亲水性，另一端为疏水性。亲水端可以与水相溶，疏水端则可以与油脂相溶。这样，溶解后的油脂就可以被水流冲走，从而轻松达到去除油脂的效果！"

2. 制订计划

提出假设： 相比于只用清水洗涤，使用洗手液（或肥皂）和水一起洗可以更快更好地去除油脂。

设计实验： 进行两组实验，在第一组实验中，仅使用清水清洗油渍，在第二组实验中，使用洗手液与清水一起进行清洗。观察两组实验中油渍的状态。

【实验步骤】

（1）选择一种我们在日常生活中经常会遇到的常见污渍，这里以香油渍为例。

（2）准备两块质地、颜色完全相同的布或毛巾，最好是白色，平摊在桌子上。

两块材质、颜色相同的白布

（3）用滴管吸取香油，在第一块白布上滴上 1 滴（或用勺子接一滴香油倒在白布上）。

（4）用凉水冲洗带有油渍的白布，同时用手轻轻搓布上带有油渍的地方大概 20 秒，然后将布拧干，放在一旁备用。

（5）用滴管吸取香油，在第二块白布上滴上 1 滴（或用勺子接一滴香油倒在白布上），尽量使两块布上的香油量保持一致。

两块被滴上香油的白布

（6）在第二块白布的油渍处倒上少量洗手液，轻轻搓带有油迹的地方大概 20 秒，用凉水冲洗掉，然后将白布拧干，放在第一块白布旁。

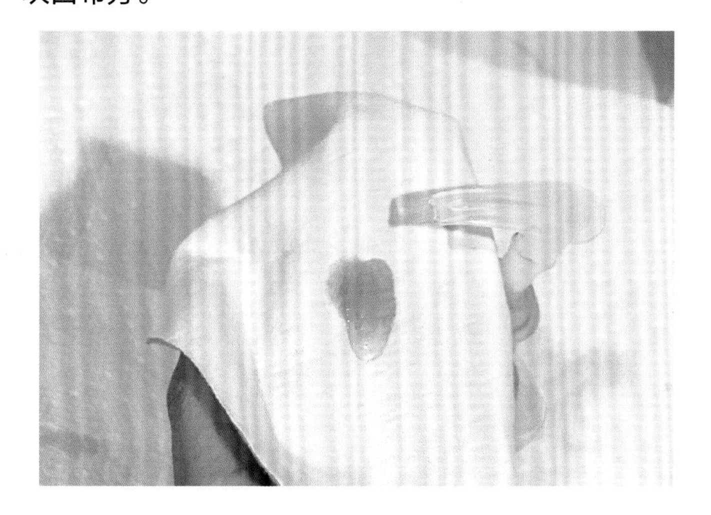

在第二块白布上倒上洗手液

（7）观察和对比两块白布上油渍的差异，并评估两种清洗方式的去污效果。或等两块白布晾干后进行观察，效果更加明显。

【实验设备】

洗手液；白布 2 块；香油或食用油；滴管 1 个（如果没有，可以用小勺代替）。

【数据收集方法】

通过肉眼观察的方法，对白布上剩余油渍的颜色、大小进行对比。

3. 采取行动

按照实验步骤展开实验，并通过肉眼观察的方式对两种清洗方式的效果进行评价：

（1）只用清水进行清洗后，肉眼可见仍有部分油渍残留在布上。

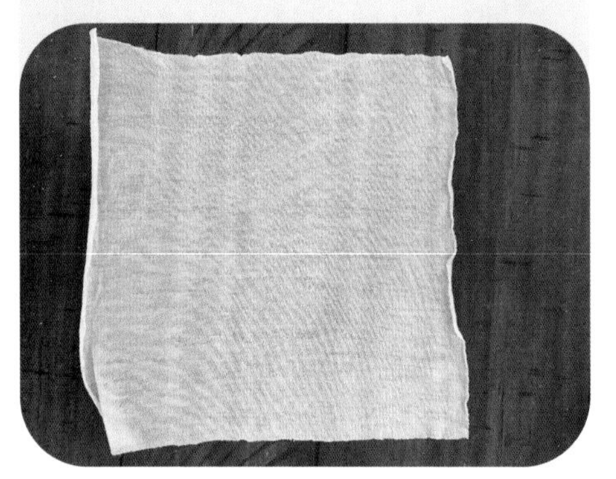

只使用清水清洗后的白布，仍可见油渍

（2）使用洗手液和清水一起清洗后，看不到残留的油渍。

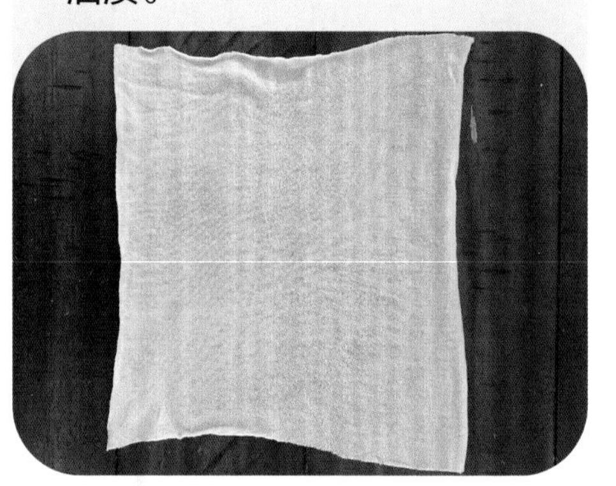

使用洗手液和清水清洗后的白布，未见油渍

实验分析：从观察结果来看，清洗油渍时，使用洗手液和清水一起清洗的方法效果更好，这说明洗手液起到了溶解油渍的作用。

4. 反思

分析和思考：

油本身不溶于水，如果只用清水进行冲洗，并不能溶解油脂，所以清洗效果不佳。而洗手液的主要成分——硬脂酸钠的分子结构具有两性，一端为亲水性，另一端为疏水性。疏水端会溶解油脂，而亲水端会与水相溶，使得油脂可以被水流冲走。

实验拓展方向：

（1）可以增加香油的量，比如滴5滴香油，从而增强实验现象的显著度。

（2）资料显示，在清洗过程中使用不同温度的水，会对清洗效果产生不同的影响。可以进一步探究水的不同温度对清洗效果的影响，比如，分别用冷水（0~10°C）、温水（20~30°C）和温热水（30~40°C）对油脂进行清洗，观察清洗效果并进行对比。

小贴士

古代人也用肥皂吗？

古代人起初使用皂荚——即皂荚树的果实来进行清洁。把皂荚树的果实剥开，就可以看到内部光滑的黏液。这些纯天然的黏液可以用来洗衣服、洗手、洗脸以及沐浴。

后来，古代人又将皂荚更新换代，升级成了“肥皂团”。在李时珍的《本草纲目》中，有一段关于肥皂团制作方法的记载：“十月采荚煮熟，捣烂和白面及诸香作丸，澡身面，去垢而腻润，胜于皂荚也。”意思是，把采来的皂荚煮熟捣碎，混入香料，制成丸状，可以用来洗脸和沐浴，去污效果佳而且质地润滑细腻，比皂荚还要好用。

小呆的科学笔记

1. 细菌

细菌是一种单细胞的原核生物。细菌没有细胞核、线粒体和叶绿体。

2. 异养和自养

异养：以现成的有机物为食，比如糖、蛋白质、脂肪等。大多数细菌都采用异养的营养方式。

自养：利用自身制造的有机物维持生命。绿色植物大多是自养生物。

3. 光合作用

植物的光合作用是指植物利用光能将水、二氧化碳等无机物转变成有机物的过程。

4. 肥皂 / 洗手液

肥皂 / 洗手液的主要成分均为表面活性剂。表面活性剂的分子分为亲水端和疏水端。疏水端与油脂和细菌发生反应，溶解油脂和细菌；而亲水端会随着水流带走疏水端的油脂和细菌，从而达到去污和杀菌的效果。